《实用养猪技术100问》

编写委员会

主　编　戴朝洲　甘贤禾

副主编　刘德强

编　委（以姓氏笔画为序）

甘贤禾　刘美发　刘德强　舒　潇

谢庚富　谢　嵘　戴朝洲

江西科学技术出版社

2018 · 南昌

图书在版编目(CIP)数据

实用养猪技术100问 / 戴朝洲，甘贤禾主编. — 南昌：江西科学技术出版社，2018.7（2018.9重印）
ISBN 978-7-5390-6469-7

Ⅰ. ①实… Ⅱ. ①戴… ②甘… Ⅲ. ①养猪学－问题解答 Ⅳ. ①S828-44

中国版本图书馆CIP数据核字（2018）第140420号

国际互联网(Internet)地址：**http://www.jxkjcbs.com**
选题序号：ZK2018239
图书代码：B18101-102

实用养猪技术100问 戴朝洲 甘贤禾 **主编**

出版发行	江西科学技术出版社
社址	南昌市蓼洲街2号附1号 邮编：330009 电话：(0791)86623491 86639342(传真)
印刷	江西千叶彩印有限公司
经销	各地新华书店
尺寸	148 mm × 210 mm 1/32
字数	70千字
印张	4
版次	2018年7月第1版 2018年9月第2次印刷
书号	ISBN 978-7-5390-6469-7
定价	25.00元

赣版权登字-03-2018-231

前　言

随着规模化、集约化、工厂化养猪的快速发展，人们对优质、安全的猪肉产品的需求也越来越高。为了让广大养猪场（户）能够了解和掌握更新、更实用的养猪技术，并能取得更好的养猪效益，我们编写了《实用养猪技术100问》一书。

全书共有十个部分，分别从猪场建设、猪种、公猪、母猪、仔猪、肉猪、猪病、药物、防疫、经营管理等方面，以一事一问、一问一答的形式，阐述了养猪时会遇到的最主要和最常见的问题。内容实用、简明扼要，有助于促进我国养猪业的快速发展。

需要特别说明的是，本书所用药物及其使用剂量仅供读者参考,不可照搬。在生产实际中，所用药物学名、常用名和实际商品名称有差异,药物浓度也有所不同，建议读者在使用每一种药物之前参阅厂家提供的产品说明以确认药物用量、用药方法、用药时间及禁忌等。购买兽药时，执业兽医有责任根据经验和对患病动物的了解确定用药量及选择最佳治疗方案。

本书可供养猪专业户、猪场及基层畜牧养殖技术人员、兽医工作者使用，也可供农业院校相关专业师生参考。

限于时间仓促和编者的水平有限，书中错误和不当之处在所难免，诚望广大读者予以指正。

《实用养猪技术100问》编写委员会

2018年5月

目 录

第一部分　猪场建设篇

001 怎么选择猪场场址？

答：猪场场址最好选在地势较高、干燥、背风、向阳、安静、有一定坡度（1°～3°）、阳光充足的地方，土质要求坚实，渗水性能好，地下水2米以下，远离村镇、工厂，远离三废污染区和传染源的地方，水质良好，水源充足，电力充足，交通便利，但要避开交通要道。

002 猪场应怎么规划与布局？

答：建设猪场时应根据功能严格分区。

1.生产区。生产区包括各类猪舍和生产设施，这是猪场中的主要建筑区，一般建筑面积占全场总建筑面积的70%～80%。种猪舍要求与其他猪舍隔开，形成种猪区。种猪区应设在人流较少和猪场的上风向，种公猪养在种猪区的上风向，防止母猪的气味对公猪形成不良刺激，同时可利用公猪的气味刺激母猪发情。分娩舍既要靠近妊娠舍，又要接近保育舍。育肥猪舍应设在下风向，且离出猪台较近。在设计时，使猪舍方向与当地夏季主导风向成30°～60°角，使每排猪舍在夏季得到最佳的通风条件。总之，应根据当地的自然条件，充分利用有利因素，在布局上做到对生产最为有利。在生产区的入口处，应设专门的消毒间或消毒池，以便对进入生产区的人员和车辆进行严格的消毒。

2.饲养管理区。饲养管理区包括猪场生产管理必需的附属建筑物，如饲料加工车间、饲料仓库、修理车间，变电房、锅炉房、水泵房等。它们和日常的饲养工作有密切的关系，所以这个区应该与生产区毗邻。

3.病猪隔离间及粪便堆存处。病猪隔离间及粪便堆存处应远离生产区，设在下风向、地势较低的地方。

4.兽医室。兽医室应设在生产区内，便于对病猪进行处理，通常设在下风方向。

5.生活区。生活区包括办公室、接待室、财务室、食堂、宿舍等，这是管理人员和家属日常生活的地方，应单独设立。一般设在生产区的上风向，或与风向平行的一侧。此外猪场周围应建围墙或设防疫沟，以防兽害和避免闲杂人员进入场区。

6.道路。道路对生产活动正常进行、卫生防疫及提高工作效率起着重要的作用。场内道路应净道、污道分开，互不交叉，出入口分开。净道的功能是行人及饲料、产品的运输，污道为运输粪便、病猪和废弃设备的专用道。

7.水塔。自设水塔是清洁饮水正常供应的保证，位置选择要与水源条件相适应，且应安排在猪场最高处。

8.绿化。绿化不仅美化环境，净化空气，还可以防暑、防寒，改善猪场的小气候，减弱噪声，促进安全生产，从而提高经济效益。

003 猪舍的建筑形式有哪些？

答：按屋顶形式分，有单坡式、双坡式等。单坡式一般跨度小，结构简单，造价低，光照和通风好，适合小规模猪场。双坡式一般跨度大，双列猪舍和多列猪舍常用该形式，其保温效果好，但投资较多。

按墙的结构和有无窗户分，有开放式和封闭式。开放式是两面有墙两面无墙，通风透光好，不保温，造价低。封闭式是四面有墙。

按猪栏排列分有单列式、双列式和多列式。

004 猪舍的基本结构有什么要求？

答：完整的猪舍，主要由墙壁、屋顶、地面、门、窗、隔栏等部分构成。墙壁要求坚固、耐用，保温性好。比较理想的墙壁为砖砌墙，离地0.8～1.0米水泥抹面。屋顶应充分考虑隔热保温，一般采用隔热保温材料。地板要求坚固、耐用。门窗开放式猪栏使用卷帘，非开放式猪栏选用门窗。猪舍内均需建隔栏。

005 猪舍应如何建？

答：猪舍的设计与建筑，首先要符合养猪生产工艺流程，其次要考虑防寒保温和防潮防湿。

1.公猪舍。公猪舍一般为单列半开放式，舍内温度要求15～20℃，内设走廊，外有小运动场，以增加种公猪的运动量，一圈一头。

2.空怀、妊娠母猪舍。母猪舍主要分为限位栏与活动栏。

3.分娩舍。舍内设有分娩栏，布置多为两列或三列式。舍内温度要求15～20℃。分娩栏位结构也因条件而异。

4.仔猪保育舍。舍内温度要求20～26℃。可采用高床饲养，1～2窝/栏，用自由采食槽，减少了仔猪疾病的发生，有利于仔猪健康，提高了仔猪成活率。仔猪保育栏主要由漏缝地板、围栏、自由采食槽、连接卡等组成。

5.生长育肥舍和后备母猪舍。这两种猪舍均采用大栏地面群养方式，自由采食，其结构形式基本相同，只是在外形尺寸上因饲养头数和猪体大小的不同而有所变化。

006 猪场设备有什么要求？

答：选择与猪场饲养规模和工艺相适应先进、经济的设备是提高生产水平和经济效益的重要措施。

1.猪栏

（1）空怀母猪栏、配种栏。栏高一般为1～1.2米，面积12～16平方米。

（2）妊娠栏。妊娠猪栏有两种：一种是限位栏，另一种是活动栏。限位栏由金属材料焊接而成，一般栏长2米，栏宽0.65米，栏高1米。活动栏的结构可以是砖砌实体结构、栏栅式或综合式结构，不同的是妊娠栏栏高一般1～1.2米，由于采用限制饲喂，因此，不设食槽而采用地面饲喂。面积根据每栏饲养猪数量而定。

（3）分娩栏。分娩栏的尺寸与选用的母猪品种有关，长度一般为2～2.2米，宽度为1.7～2.0米；母猪限位栏的宽度一般为0.6～0.65米，高1.0米。仔猪活动围栏每侧的宽度一般为0.6～0.7米，高0.5米左右。

（4）保育栏。一般采用漏粪地板，大型、中型猪场多采用高床保育栏，它是由漏粪地板、围栏和自动食槽组成，漏粪地板通过支架设在粪沟上或实体水泥地面上，相邻两栏共用一个自动食槽，每栏设一个自动饮水器。这种保育栏能保持床面干燥清洁，减少仔猪的发病率，是一种较理想的保育猪栏。仔猪保育栏的栏高一般为0.6米，面积因饲养头数不同而不同。小型猪场断奶仔猪也可采用地面饲养的方式，但寒冷季节应注意仔猪保温。

（5）育肥栏。育肥栏有多种形式，其地板多为混凝土结实地面或水泥漏缝地板条，也有采用1/3漏缝地板条，2/3混凝土结实地面。混凝土结实地面一般有3%的坡度。育肥栏的栏高一般为1～1.2米，采用栏栅式结构时，栏栅间距8～10厘米。

2.饮水设备

猪用自动饮水器目前普遍采用的是鸭嘴式自动饮水器。

3.饲喂设备

饲喂设备有间息添料饲槽、自由采食槽和全自动喂料设备。

第二部分　猪种篇

007 猪的品种有哪些？各自有哪些特点？

答：现在我国饲养的良种猪有大约克夏、长白、杜洛克、皮特兰等优良品种。

1.大约克夏猪（大白猪）。该品种猪体格大，体型匀称，耳直立，鼻直，四肢较长，全身被毛白色，胎产仔平均11.1头，出生重1.2～1.4公斤，在良好的饲养管理条件下，达到100公斤体重日龄为145天左右，平均背膘厚12毫米，饲料转化率为2.4～2.8：1，瘦肉率68%以上。

2.长白猪。该品种猪头小清秀，颜面平直，耳向前倾平伸略下耷，大腿和整个后躯肌肉丰满，体躯长，前窄后宽呈流线型，全身被毛白色，胎产仔11.3头，仔猪初生重平均为1.3～1.5公斤，在良好的饲养管理条件下，达100公斤体重日龄为158天左右，平均背膘厚低于13毫米，饲料转化率为2.3～2.7：1，瘦肉率为66%。

3.杜洛克猪（红棕毛猪）。该品种猪头小清秀，两耳中等大，略向前倾，耳尖稍下垂，嘴短直，胸宽而深，后躯肌肉丰满，四肢粗壮，全身被毛呈金黄色或棕红色，色泽深浅不一，蹄呈黑色，多直立，平均胎产仔10头，在良好的饲养管理条件下，达100公斤体重日龄为160天左右，平均背膘厚低于12毫米，饲料转化率为2.3～2.8：1，瘦肉率为68%。

4.皮特兰猪。该品种猪毛色呈灰白色并带有不规则的深黑色斑点，偶尔出现少量棕色毛。头部清秀，颜面平直，嘴大且直，双耳略微向前，体躯呈圆柱形，肩部肌肉丰满，背直宽大，胎产仔10头左右，在较好饲养条件下，150天体重达90～100公斤，饲料转化率为2.5～2.6：1，瘦肉率70%以上。

008 什么叫三元杂交猪？

答：三元杂交猪一般指杜长大或杜大长三元杂交猪，杜长大三元杂交猪就是首先用大约克母猪与长白公猪进行交配，所产小猪中的母猪即被称为长大二元母猪，长大二元母猪再与杜洛克公猪进行交配，所产小猪即被称为杜长大三元杂交猪；而杜大长三元杂交猪就是首先用长白母猪与大约克公猪进行交配，所产小猪中的母猪即被称为大长二元母猪，大长二元母猪长大后再与杜洛克公猪进行交配，所产小猪即被称为杜大长三元杂交猪。

009 三元杂交猪有什么主要优点？

答：三元杂交猪可以充分发挥上一代种猪的高繁殖性能、高瘦肉率和快速生长特性。第一，瘦肉率高，三元杂交猪瘦肉率一般为60%～67%，而普通猪瘦肉率一般为50%左右。第二，饲料报酬高，从我国的实际饲喂效果看，每头三元杂交猪从出生到100公斤体重出栏时，全程饲料消耗为250公斤左右，料肉比为2.5：1，而普通猪从出生到100公斤体重出栏时，全程饲料消耗为320公斤左右，料肉比为3.2∶1。

010 商品猪如何选择？

答：从猪种方面考虑，三元杂交猪具有杂种优势。从个体方面考虑，选择仔猪时应选体重大，体质健壮，行动活泼，尾巴摆动有力，身体各部发育均匀、良好。从外貌方面考虑，应选择眼睛大、突出、灵活有神。嘴形扁圆，唇薄，上下唇齐平。耳朵既大又薄，能上下或后伸。额头平、略宽、无皱纹。鼻孔宽大。后脚高而直，吃食时后脚频频提起。身躯长、大，腰平直。胸部乳头稀疏，连线呈椭圆形，胸部宽大发达。

011 种猪如何选择？

答：选择时应有种猪详细的系谱，种猪应具备该猪种的特征，品质优良，体躯舒展而丰盈，胸宽而深。

选择公猪最好到信誉好、规模大，且有系统的生产性能测定结果（如背膘厚、生长速度等）供参考的猪场。所选的种猪要求生长发育良好、肢蹄尤其是后腿结实有力、背腰平阔且厚实、腹部上收、臀部饱满、左右睾丸大而突出、乳头7对以上且排列均匀、雄性特征表现明显、精液品质良好。

母猪要从高产种猪的后代中选择，身体健康、体型匀称、性情温顺，乳房应膨软发育良好，第一对乳头要生在胸骨前方，乳头间隔均匀、排列整齐、无连奶、无瞎奶、无疤痕、有效乳头数6对以上，尾根高、骨盆腔大，背部应稍弓起，尾根高，尾粗而高高卷起，后躯必须宽大，长而丰圆，大腿要宽厚，长而丰满。后肢前踏，两腿之间的距离要宽，行走稳健，蹄质坚固。分3次选留：第1次在60日龄时，选择生长发育快，同窝中无疝气、隐睾、单睾及其他畸形，三代内无血缘关系，外部生殖器官正常、发育良好的母猪。第2次在要配壮、腹不下垂、膘薄的后备母猪。第3次在产1胎后，选择易受孕、产仔多，仔猪体重均匀、母猪健康，死胎、弱仔、木乃伊胎少，母性良好，泌乳力强的母猪留作种用。

第三部分　公猪篇

012 如何养好种公猪?

答：饲养种公猪应保持不胖不瘦的中等体况，从而具有旺盛的配种能力。

种公猪的饲料要含有足够的蛋白质、维生素和矿物质。蛋白质不足，特别是赖氨酸不足，将导致精液质量下降，甚至丧失配种能力。但长期饲喂蛋白质过高的饲料，也会使精子活力和浓度降低、畸形精子增多，对公猪健康有不良影响。在集中产仔季节，选用优质的种公猪料，饲喂定时、定量，饮水充足，喂以颗粒料或湿拌料较好。

种公猪的管理应按如下方式操作：饲养员尽量多接触公猪，夏天要给种公猪洗澡。公猪坚持运动可增进食欲，增强体质，提高繁殖能力，减少脂肪沉积。一般在进食前1小时运动，每天驱赶其运动1小时，或在大运动场自由运动，定期称重，并检查精液品质，以便恰当地调整营养、运动和配种次数。冬季饲料加量10%~20%。夏季注意公猪的防暑降温。公猪生活的适宜温度为10~20℃，相对湿度为40%~80%，夏天气温超过33℃、湿度超过85%，会降低公猪生成精子的能力，发生少精和无精。同时，公猪食欲下降易疲劳，性欲减退，尤其过肥的公猪更容易出现上述症状，故夏季要保持公猪身体清洁，注意猪舍通风、降温，定时预防注射和驱除体内外寄生虫。对于使用人工授精的公猪，要进行调教，使其懂得基本口令，并训练睡觉、吃食和排粪三位一体的生活模式，建立正常的生活秩序和良好的生活习惯，如配种、饲喂、饮水、进食、运动、刷拭、采精、休息，以便于管理，增强并保持旺盛的配种能力。对长期不用的种公猪，要定期采精，以防性欲降低，影响其种用价值。公猪应单圈饲养，最好位于母猪的上风向，以免其闻到母猪气味。公猪圈应高些，食槽靠墙放置，排除可被公猪爬跨的条件。

013 种公猪何时开始配种?

答：青年种公猪配种年龄，往往随品种、饲养管理等条件不同而有所变化。一般青年种公猪配种年龄不低于10月龄，体重100公斤以上。初配时间过早，不仅影响公猪的生长发育，而且所配母猪产仔少，体弱，生长慢，也会缩短公猪的使用年限。

014 如何合理使用种公猪?

答：初配青年种公猪一般每周使用2～3次，2～4岁的壮年公猪，每周使用4～5次。夏天安排在早晚进行，冬天安排在中午进行。配种场地要平整，防止滑倒；环境要安静，防止受干扰。种公猪使用年限一般为4～6年，如果养得好，使用合理，可延长到8年甚至更长。

第四部分　母猪篇

015 后备母猪如何饲养和管理?

答：母猪从4月龄到配种利用前称为后备母猪。5.5 ~ 6月龄的母猪，体重小于90公斤时，只需满足自由采食量的需求，维持上等膘情，保证后备猪正常发育，此阶段不能控料。6 ~ 7月龄的母猪，体重90公斤以上，适当定量投料，使猪吃饱吃净。每只母猪日喂量夏季2.3 ~ 2.5公斤，冬季2.75公斤，掌握基本满足自由采食量需要。7.5 ~ 8月龄的母猪，体重115 ~ 120公斤，即准备配种前两周，增加投料量，促情配种，日喂量3 ~ 3.25公斤，直到发情配种。短期优饲能促进后备母猪及时发情，多排卵，提高受胎率。此阶段，每天每头增加1 ~ 1.5公斤青饲料，效果会更好。配种时间，一般来说，良种猪初配年龄应在8 ~ 10月龄，体重130 ~ 150公斤；普通猪在6 ~ 8月龄，体重70 ~ 90公斤。以母猪的第三个发情期配种最适宜。

后备母猪要从以下四方面进行管理：一是适当运动，猪舍要设运动场，让猪自由活动，既可以促进骨骼和肌肉的正常生长，防止过肥或肢蹄不良，又可增强体质和性活动的能力，防止发情失常。二是及时淘汰不符合种用要求的初选母猪。三是搞好卫生防疫，保持圈舍清洁卫生，及时进行免疫接种，定期驱虫，确保后备母猪健康。四是正确掌握初配年龄，配种过早不但产仔少，而且影响母猪的生长发育，配种过晚，又会增加饲养成本。

016 空怀母猪应如何饲养?

答：正常母猪、仔猪断奶后3～7天，绝大多数母猪都发情。为了催情使母猪早发情多排卵，提高受胎率，仍采用哺乳期的料量，不限饲。一般每头猪日喂料量3.5公斤左右，但发情配种结束后，马上转群减料，更换妊娠期的料量，一般日喂量不超过2公斤。

017 母猪发情时有什么表现?

答：母猪从上次发情开始到下次发情开始，称为一个发情周期，平均为21天。母猪发情时，首先阴部潮红肿胀，食欲减退，精神兴奋，躁动不安，阴门肿胀逐渐加重，阴道流出较稀黏液，但不让公猪爬跨，此阶段称为发情前期。约持续1～2天。接着食欲进一步下降，起卧不安，频频排尿，互相爬跨、爬猪栏，此时母猪喜欢公猪爬跨，按压背部，母猪呆立不动，称为“静立反射”，阴道黏液变得非常黏稠，此阶段称为发情中期。到了后期，母猪阴门逐渐消肿，静立反射消失，也不接受公猪爬跨，食欲逐渐正常。

018 母猪发情何时配种?

答：必须准确选择配种时机，及时配种，才能提高经济效益。准确选择配种时机一看阴户，发情母猪由充血红肿变为紫红暗淡，肿胀开始消退，出现皱纹；二看黏液，发情母猪阴门流出浓稠黏液；三看表情，发情母猪呆滞，人用手压其背腰，呆立不动，此时配种受胎率最高；四看年龄，俗话说“老配早，少配晚，不老不少配中间”，即老母猪发情持续时间短，当天发情下午配；后备母猪发情期较长，一般于第3天配，中年母猪在第2天配。为了确保受胎，增加产仔数，通常进行重复配种，即隔8～12小时再配1次。对于个别种猪，发情症状往往不明显，必须认真观察，或采用公猪试情，适时配种。

019 母猪不发情或屡配不孕怎么办？

答：第一，利用公猪诱情。将公猪赶到母猪运动场内诱情，每次15～20分钟，1天1次，连续3～4天。第二，利用仔猪早期断奶。仔猪早期断奶可使母猪及时发情。第三，利用人工控制哺乳法。人为控制并延长仔猪吃乳的间隔时间，白天只让仔猪吃奶1～2次，夜间让其母仔在一起。第四，注射孕马血清、促性腺激素等。第五，增加运动，每天驱赶母猪运动30分钟。第六，对长时间不发情的母猪进行检查，若发现患有疾病，应及时进行治疗或淘汰。

020 什么叫本交？怎样利用种公猪给母猪配种？

答：本交是指发情母猪与公猪的直接交配，可分为单次配种、重复配种、双重配种、多次配种。单次配种指在一个发情期内，只与1头公猪交配1次。重复配种指第1次配种后，间隔8～12小时用同一公猪再配1次，以提高母猪受胎率和产仔数。双重配种指在母猪的一个发情期内，用同一品种或不同品种的2头公猪，先后间隔10～15分钟各配种1次。此方法只适宜生产商品猪的猪场。多次配种指在一个发情期内，用同一头公猪交配3次或3次以上，配种时间分别在母猪发情后第12、24和36小时。

公母猪交配地点要离开公猪舍，以免引起其他公猪躁动。公母猪交配时，可以人工辅助，当公猪爬稳母猪后，迅速从侧面牵拉母猪的尾巴，以避免造成伤害或体外射精。当公猪多次努力而阴茎不能顺利进入母猪阴道时，可用手握住公猪包皮引导阴茎插入母猪阴道。公母猪交配时，要保持环境安静，严禁大声吵闹或鞭打公猪。交配完后，用手轻压母猪的腰部，以免母猪拱腰精液外流。配种完毕，还要及时登记配种公猪的耳号和日期，以便推测预产期和登记后代血统。

021 给母猪配种应注意哪些事项？

答：第一，避免近亲交配。第二，公母猪体格差异不能太大。第三，公猪采食后半小时内不宜配种。第四，选择一天当中合适的时间配种，夏天应选在早、晚进行，冬天应选在中午。第五，配种场地不宜太滑。

022 什么叫猪的人工授精？猪的人工授精技术有什么优点？

答：猪的人工授精是利用人工方法采集公猪的精液，经过必要的处理，将合格的精液输入到发情母猪的生殖道内，使母猪受胎。人工授精与自然交配相比，具有显著的优越性：第一，可以提高优良公猪的利用率，人工授精一头公猪一次的采精量可给10～20头的发情母猪输精。第二，可以减少种公猪饲养头数，降低饲养成本。第三，可以克服因种公猪体重、体型过大或母猪生殖道异常造成的配种困难。第四，可以解决种公猪配种运输和种公猪不足地区母猪的配种问题，有利于杂交改良工作的开展。第五，便于采用重复输精和混合输精等繁殖技术，提高母猪的受胎率和产仔数。第六，减少接触性传染病的传播，特别是生殖器官疾病的传播。

023 提高人工授精受胎率有哪些技术要点?

答：第一，加强种公猪饲养管理，使种公猪保持精力充沛，性欲旺盛。第二调教利用好种公猪，使猪建立起条件反射。第三，所有器材必须洗刷干净，消毒处理。第四，精液必须干净无污染，质量好，符合标准要求。第五，掌握好输精时机，在母猪排卵高峰进行输精，输精管要插入输精部位，即子宫颈第2～3皱褶处。经产母猪输精2次，初产母猪输精3次。

024 怎样判断母猪是否怀孕?

答：第一，可在配种后18～24天，用成年种公猪与配过种的母猪充分接触，观察母猪是否出现发情症状来确定母猪是否怀孕。第二，根据外部特征及行为表现判断：配种后表现安静，能吃能睡，膘情恢复快，行动稳重，腹围逐渐增大，阴户下联合紧闭或收缩，并明显上翘的可能已怀孕。第三，有条件的可采用超声波妊娠诊断仪作出判断。

025 什么叫假妊娠？怎样防治?

答：母猪配种后并未妊娠，但肚子却一天天大起来，乳房也逐渐膨大，到最后甚至能挤出一些清奶，但是不产仔，肚子与乳房逐渐缩回，这种现象称为假妊娠。引起假妊娠的原因：一是由于胚胎早期死亡与吸收，而妊娠黄体不消失，致使黄体酮继续分泌，好像妊娠仍在继续。二是由于营养不良，造成母猪内分泌紊乱，母猪发情周期延缓或停止。

假妊娠防治措施：主要是改善母猪配种前后的营养条件，预防、治疗母猪生殖道疾病，做好冬季的防寒保暖。治疗持久黄体，可给母猪注射前列腺素与孕马血清。

026 妊娠母猪如何饲养管理?

答：按照各种妊娠母猪的特点，采取相应的方式。妊娠母猪的饲料一般保持相对稳定，不能频繁变换，并要注意必需氨基酸、维生素和矿物质的供给，饲喂定时、定量，日喂2～3次。

1.妊娠初期的管理。妊娠初期，胚胎死亡率高，此时，受精卵未能着床，遇到突然刺激、打骂、惊吓、地滑跌倒、饲料发霉变质、饲料突然改变等，易造成流产。因此，妊娠1个月内，管理要细心，饲料饲喂量不宜过多，首先使母猪恢复体力，保持安静多休息，少运动，妊娠1个月后，增加运动量。

2.妊娠中期的管理。妊娠40～80天后，胎儿已在子宫内牢固着床，流产和胚胎死亡概率减少，此时，胎儿生长缓慢，喂料量不宜过多，以免母猪过肥，可适当加喂些青饲料，减少饥饿感，促进消化，防止便秘，加强运动，使猪舍阳光充足，空气新鲜。

3.妊娠后期的管理。妊娠2个月后，胎盘停止生长，80天后胎儿迅速发育，110天后胎儿完全长成。80天后母猪体重迅速增加，又要为产后泌乳和恢复体力贮存养分。因此，喂料量要增加，初产母猪日喂料2.7公斤左右，经产母猪日喂料3公斤左右，适当喂些青饲料，促进肠蠕动，防止便秘和食滞。妊娠后期单栏饲养，防止拥挤、打架、践踏，保持猪舍安静，做好冬季防寒保暖和夏季防暑降温工作，减少运动，产前1周停止运动。

027 怎样推算预产期?

答：母猪的妊娠期平均为114天。推算预产期可用“三三三”推算法：在配种的月份上加3，在配种的日期上加上3个星期零3天。

028 母猪临产有何征兆?

答：母猪临产前，会发生一系列生理反应。分娩前两周，乳房逐渐膨大；分娩前一周，乳头呈“八”字形向两侧分开；分娩前4～5天，乳房显著膨大，两侧乳房外涨明显，呈潮红色，发亮，用手挤压乳头有少量稀薄乳汁流出；分娩前3天，母猪起卧行动谨慎缓慢，乳头可分泌乳汁，用手触摸乳头有热感；分娩前1天，乳汁较浓稠，呈黄色，母猪阴门肿大，松弛，并有黏液流出；分娩前6～10小时，母猪外阴肿胀变红；分娩前1～2小时，母猪表现精神极度不安，呼吸迫促来回走动，频频排尿，阴门有黏液流出，乳头可挤出较多乳汁；如母猪躺卧，四肢伸直，阵缩间隔越来越短，全身用力努责，阴户流出羊水，则很快就要生产。

029 怎样给母猪接产？

答：第一，产房的准备和产前消毒。根据母猪的预产期，在临产前7～10天赶入产房，让其熟悉环境。产房要求干燥、保温（22℃），阳光充足，空气新鲜，环境安静。产房消毒，并准备麻袋、灯具以及仔猪保温箱等。

第二，清除仔猪口鼻腔黏液。仔猪出生后，接产人员应立即用手指和抹布将口鼻腔的黏液掏出并擦干净，再用抹布将全身黏液擦净。

第三，断脐。先将脐带内的血液向仔猪腹部方向挤压，然后在离腹部4厘米处，撕断或剪断脐带，断处用碘酒消毒。若断脐时流血，则用手捏住断头，直到不出血为止。如果作为种猪，此时应编号、称重、登记档案。

030 母猪难产如何处理？

答：母猪一般不会发生难产，但一些年老体弱的母猪可能发生难产现象。主要表现：母猪长时间剧烈努责，并且羊水已经排出，而仔猪仍产不出，母猪呼吸急促，心跳加快，此时一般使用催产素，如果注射催产素仍无效，可采取人工助产：首先剪磨指甲，用肥皂或0.1%高锰酸钾消毒手臂，并涂抹润滑剂，在母猪努责间歇时，慢慢伸入产道，伸入时，手心向上，摸到仔猪后，随母猪努责，慢慢将仔猪拉出，掏出一头仔猪后，如果转为正常分娩，不再继续掏。助产后，母猪应注射抗生素或抗炎症药物。

031 母猪食仔癖如何处理？

答：母猪分娩时，不安静，甚至起立，未分娩完毕就吃仔猪，有的分娩完毕后吃仔猪，其主要原因为：第一，母猪先天性恶癖。第二，母猪无奶。第三，吞食胎衣。第四，矿物质或维生素慢性缺乏所引起的，一般多见于初产母猪。

防治措施：母猪分娩时加强管理，分娩后发现母猪吃食仔猪时，应将母猪与仔猪隔离，定时哺乳，必要时给予母猪镇静剂，也可在仔猪身上涂抹废机油、乳汁等，防止母猪再食仔猪，连续两胎出现这种情况建议淘汰母猪。

032 母猪分娩后如何护理？

答：首先加强护理，在产后8～12小时内不喂精料，但喂给豆饼、麸皮汤或调的很稀的汤料。产后2～3天不宜喂得太多，饲料要营养丰富，容易消化，视母猪膘情、体力、泌乳及消化情况逐渐加料。在产后5～7天逐渐恢复标准喂量。为促进母猪消化机能，预防仔猪下痢，母猪产后每天喂给适量小苏打，分2～3次饮水喂服，夏季可喂给适量青绿饲料。产房保持温暖、干燥、空气新鲜，并注意消毒。产后感染的母猪必须及时治疗。

033 饲养管理哺乳母猪应注意哪些问题？

答：使用哺乳料，并充分供应饮水，增加饲喂次数，每次不要喂太多，以免引起消化不良。仔猪断奶前3～5天逐渐减少母猪的喂量。每天清洗饲槽1次，并保持圈舍干燥、清洁。

034 母猪拒绝哺乳怎么办？

答：母猪产后拒绝哺乳主要有以下几种情况：第一，初产母猪无哺养仔猪经验，感到紧张和恐惧，从而拒绝哺乳。解决办法：让母猪安静下来，慢慢拱其肚皮，让仔猪固定奶头吃奶，不要争夺奶头，只要小猪吃上几次就习惯了。第二，母猪产后无奶，小猪总缠着吃奶，使母猪烦躁不安，因此拒绝哺乳。解决办法是加喂催乳药物，增加泌乳。第三，母猪患乳腺炎时，乳房肿胀，小猪吮吸会引起疼痛。解决办法是及时治疗乳腺炎。第四，母猪乳头有伤。解决办法是剪掉小猪尖锐的牙齿，并及时治疗咬伤的乳头，以防感染。

035 用哪些方法可以提高母猪泌乳量?

答：第一，保证泌乳母猪的营养需要。第二，加喂青绿多汁饲料。第三，加喂维生素含量高的饲料，如酵母粉等。第四，加喂催奶药或中药催奶。第五，按摩乳房，每天早晨5～10分钟。

036 母猪产后胎衣不下怎么办?

答：母猪产后3小时胎衣不排出，即胎衣不下，临床上表现为产后胎衣长时间不排出，而不断地排出恶露，或部分胎衣悬垂于阴户外。

胎衣不下主要是母猪运动不足、流产或难产、子宫发炎、体弱气虚、饮喂失调等原因造成。

治疗可以采用一次性皮下或者阴户注射缩宫素，或者向子宫内注入5%～10%氯化钠溶液，促进胎猪胎盘缩小及脱落，注入后须使盐水再排出。

037 如何治疗母猪产后子宫脱出?

答：第一，对于子宫内翻的母猪，往阴门内注入含有抗生素的灭菌生理盐水500～1000毫升，借水的压力使子宫恢复原位。第二，对于子宫脱出时间太长或有大的损伤和坏死的母猪，建议淘汰。

038 母猪分娩过程中产道出血怎么办?

答：第一，肌内注射0.5%卡巴克洛，每日2次，连续注射2日。第二，肌内注射0.1%肾上腺素。第三，肌内注射0.1%维生素K_3，每日3次，连续注射3日。第四，葡萄糖生理盐水500～1000毫升，加维生素K_3，混合后耳静脉注射。

039 如何防治母猪流产?

答：第一，肌内注射黄体酮，每日或隔日1次，连续注射2～3次，同时注射维生素E，在子宫口未张开、没排出羊水时效果较好。第二，若保胎失败，子宫口已张开，胎儿已死亡或死胎发生腐败时，可先肌内注射氯前列烯醇，促使子宫颈口张开，然后肌内注射催产素等，促使死胎尽早排出，也可以人工排出死胎。第三，若流产后子宫内不断排出污秽分泌物，可用0.1%高锰酸钾溶液等消毒液冲洗子宫，擦净后注入抗菌药物。第四，若已发生腐败性子宫内膜炎，建议淘汰。

040 母猪便秘发生的原因及如何防治？

答：母猪便秘发生的原因有6点：

1.母猪内分泌失调引起的虚火旺盛、胃肠蠕动减慢是母猪便秘的直接因素。

2.高温应激。盛夏季节，持续数日35℃以上的高温可引起母猪高热反应，导致水盐代谢紊乱而发生便秘。

3.缺乏运动。限位饲养使母猪长期缺少运动而致便秘；非限位饲养条件下管理不良，如密度过大、拥挤、缺乏运动等也可导致便秘。

4.饮水不足。各种原因引起的饮水不足是母猪便秘的重要诱因。

5.饲料配制不当。怀孕母猪的饲料中粗纤维含量不足或过高，都可能引起妊娠期母猪的便秘。适宜的粗纤维含量（8%～10%），能促进母猪胃肠的蠕动，防止便秘发生。日粮能量蛋白水平过低，粗纤维太高，缺乏青饲料,微量营养如微量元素、维生素不足也可引起体质虚弱性便秘。

6.药源性便秘。现时养猪由于疾病较多，养猪生产者为了预防疾病而采用不定期地向猪群投喂药物来预防疾病。

母猪便秘的防治对策有以下4点：

1.合理调制日粮。使用优质的全价饲料，可投喂青绿饲料。

2.保证充足饮水。在妊娠期间。每头每日不应少于8～12升的饮水；在泌乳期间，每头每日不应少于8～20升饮水。饮水缺乏会引起母猪食欲下降、消化不良、便秘、代谢紊乱、泌乳不足等一系列问题。

3.适当运动。母猪在刚配种1～3周和临产前1～2周内可减少运动，使之保持安静，以防遭到意外刺激引起流产或早产。

4.加强环境调控，减少冷热应激。

041 如何进行母猪的淘汰与更新?

答：1.自然淘汰。母猪群年龄和胎次结构要保持适当的比例，才能发挥猪群的最大生产性能。在一个组成较好的母猪群中，通常2胎以下的母猪所占的比例为30%，2～6胎的母猪所占比例为45%～55%，6胎以上的母猪所占的比例小于20%，8胎以上的母猪比例小于5%。

（1）衰老淘汰。到了一定的使用年限（4～5年），难以维持正常生产性能的母猪，应予以淘汰。

（2）计划淘汰。由于生产计划的变更、引种、换种、疫病等因素，对原有生产性能较低或患有疾病的母猪群进行淘汰或处理。

2.异常淘汰。生产中引起母猪异常淘汰的原因很多，主要包括：繁殖机能障碍、遗传缺陷、产科病、营养性疾病和肢蹄病等因素。

（1）后备母猪不发情。对于后备猪群中经处理后确实不能正常发情的个体，应予以淘汰。

（2）产后母猪不发情。有些母猪断奶后没有正常发情，经处理后仍未发情，应予以淘汰。

（3）屡配不孕。母猪经过多次配种（一般连续配3次都未配上），每次配种后间隔18～25天后重新发情，对这类母猪，应予以淘汰。

（4）超期不产。有些母猪配种后，没有返情现象，也无妊娠迹象，甚至超过预产期也不分娩，使母体无法识别妊娠而处于“假孕”状态，遇到这种情况，应及早确诊和应及早淘汰。

（5）低产母猪。连续3胎产仔数少于4头的母猪应予以淘汰。

（6）泌乳力差。连续3胎都表现出泌乳力差，这种母猪就应淘汰。

（7）异食癖。连续3胎都表现母性差，有食仔恶癖，仔猪出生后，不能被很好地哺育，这种母猪应予以淘汰。

（8）疾病母猪。经过技术人员的综合评定后，确认已无饲养价值的个体，应予以淘汰。

（9）肢蹄病。母猪由于后肢无力或蹄部疾病，无法承受本身重量和公猪爬跨，而不能正常配种，这种母猪应予以淘汰。

第五部分　仔猪篇

042 如何急救假死猪?

答：有的仔猪出生后，呼吸停止，咬舌头，但触摸心脏，仍在跳动，这种情况，称之为假死。急救方法有以下4种：

1.人工呼吸法。将仔猪的四肢向上，一手托着肩部，一手托着臀部，然后一屈一伸的反复进行，频率每呼吸一次，伸屈3～4次。

2.振动救治法。用双手倒提假死仔猪的两条后腿，然后，上下左右地振动，或者用一只手倒提仔猪的两条后腿，另一只手拍打仔猪的背部。

3.酒精刺激法。在鼻部涂抹酒精等刺激物或针刺耳根等穴位进行急救，直到仔猪叫出声来为止。

4.温水浸泡法。将仔猪四肢向上放在40℃左右的温水中，头部露在外面，并且一只手按摩仔猪的胸部，另一只手使仔猪的头部做前后屈折运动。

043 初生仔猪如何防冻压?

答：仔猪的适宜温度为：生后1～3日龄30～32℃，4～7日龄28～30℃，15～30日龄22～25℃，2～3月龄22℃。因此，必须给仔猪创造一个好的环境，办法是在产房内设置保育箱，内部吊上红外线灯泡，或铺设电热板。总之，要保证仔猪所需的温度。母猪产床饲养可以减少冻死、压死仔猪。

044 为什么要让仔猪及时吃到初乳?

答：因为初生仔猪不具备先天免疫能力，而初乳中含有大量免疫球蛋白，具有抑菌、杀菌、增强机体抵抗力等功能，初生仔猪只有通过初乳才能获得免疫能力。此外，初乳能刺激仔猪消化器官活动，促进胎粪排出，增加营养产热，提高对寒冷的抵抗力。

045 为什么要给仔猪固定乳头?

答：仔猪出生后2～3天内必须人工辅助固定奶头，可把体大的个体固定到后边奶头吃奶，把体小的个体固定到前边奶头吃奶，每次吃奶时要看好仔猪，防止换位。如果仔猪乳头不固定，势必互相争抢奶头而错过放奶时间，发生强夺弱食，有时会因争抢咬疼奶头而造成母猪拒绝哺乳。

046 如何给哺乳仔猪科学补料?

答：哺乳仔猪生长发育快，饲料利用率高，及早补料，是提高仔猪断奶重、成活率及加快其生长发育的关键，措施如下：

1.在仔猪生下来未吃初乳前，用硫酸庆大霉素进行第一次灌服，以后每天一次，连用3天，或口服百球清，以防下痢。

2.在3日龄和7日龄分别补铁，每次1毫升。

3.7日龄开始诱食，首先让其熟悉补料环境，有意识地将其赶入补料间或仔猪饲槽周围活动，并在补料槽内放少量教槽料，让仔猪自由采食，经过几次训练后，即可达到诱饲的目的。

4.仔猪30日龄后，生长速度快，采食量大，进入旺食期，建议自由采食。

047 如何进行仔猪并窝和寄养？

答：并窝是指将母猪产仔较少的2～3窝仔猪合并起来，并给1头泌乳量大的母猪饲养。并窝应注意以下几点：选择代养母猪分娩日期要相近，最多相差不要超过3天；并窝或寄养的仔猪必须吃到初乳；代养母猪必须性情温顺，泌乳量大；并窝时，可将并窝或寄养的仔猪避开母猪，用白酒喷在仔猪身上或母猪鼻盘上，让母猪难以辨认。

048 怎样给仔猪饲喂人工乳？

答：仔猪出生7天即可调教采食人工乳，少喂勤添，直到断奶。

049 为什么要推广仔猪提前断奶?

答：实行仔猪提前断奶，可以缩短母猪哺乳期，促进母猪早发情、早配种，使母猪年均产仔达到2.2胎，提高母猪繁殖率和猪场经济效益。

050 怎样给仔猪提前断奶?

答：仔猪7日龄进行补料，到18 ~ 25日龄可实行断奶。实践中一般采用“母走子留”。

051 早期断奶仔猪怎样管理?

答：1.合理分群。仔猪断奶后，在原圈饲养10 ~ 15天，当仔猪吃食与粪便等一切正常后，根据仔猪的强弱、大小、品种等进行合理分群。

2.饲养环境要舒适。断奶仔猪圈舍保持温暖干燥、清洁卫生。

3.占地面积要合适。断奶仔猪的占地面积为每头0.5 ~ 0.8平方米，每群仔猪以10头左右为宜。

4.防寒保暖，细心调教，吃拉睡三定位。

052 怎样预防仔猪断奶后发生腹泻？

答：第一，仔猪断奶前5天开始给母猪减料，母猪泌乳减少，促使仔猪吃料。第二，断奶后1～2天内，定时定量喂料，少给勤添。第三，适当控制采食量，出现腹泻的可减少给料次数和给料量。第四，保持圈舍干燥卫生，在饲料中添加抗生素预防肠道感染；保证饮水清洁。

053 怎样使仔猪安全越冬？

答：转群最好原窝转群，分群和并群应根据猪的大小合理安排；保持猪舍温暖，采取增温措施，防止温度过低或冷风侵入；及时进行免疫注射和预防性投服药物。

054 仔猪什么时间阉割合适？

答：仔猪阉割建议最早在7日龄进行，最迟不能超过24日龄。

055 什么是断奶后仔猪腹泻？

答：病猪粪便呈水样，混有未经消化的饲料。后期严重脱水，腹部内陷，后肢无力，严重时，后肢不能站立或行走摇摆。治疗方法如下：第一，在仔猪断奶前，先将保育栏全面消毒，如用2%～4%烧碱溶液喷洒。第二，在饮水中加入口服补液盐和维生素C，以保持腹泻仔猪的体液平衡，维持血糖浓度。第三，母猪和仔猪同时注射抗生素。

056 新生仔猪溶血病如何防治？

答：新生仔猪溶血病症状表现如下：仔猪出生后一切正常，健康活泼，但吮食初乳后二十几小时内开始发病。停止吮乳，精神委顿，常震颤，散卧，尖叫，皮肤苍白，被毛粗乱，后躯摇摆，出现严重贫血和黄疸症状，结膜及齿龈黄染，严重时皮肤也黄染，血红蛋白尿，血液稀薄，不易凝固，红细胞急剧下降。心跳、呼吸加快，一般1～2天内即死亡，少数耐过五天者可免于死亡。

防治方法如下：第一，发生仔猪溶血病的母猪，以后改换其他种公猪配种。第二，发生仔猪溶血病的配种公猪，应停止配种，淘汰处理。第三，发现仔猪溶血病后应立即停吸母乳，改寄乳于其他母猪，或人工哺乳，一般3日后逐渐恢复正常，半月之后黄疸消失。第四，发病后可对症治疗，一般采用强心、输液等；250～500毫升10%葡萄糖液，加60毫克氢化可的松，静脉注射。

057 仔猪先天性痉挛是怎么一回事?

答：新生仔猪出生后出现震颤、肌肉痉挛等症状的一种疾病，又称仔猪先天性震颤综合征，俗称“仔猪抖抖病”。仔猪生下后即出现肌肉震颤，往往还会波及各部骨骼肌群，有时造成后肢无力。严重时全身肌肉剧烈抽搐，整个躯体和头部抖动，头颈摇晃。有时前肢摇晃，后肢坐地；有地后肢摇晃并从地面跳起。患病仔猪站立时震颤，一旦卧地，震颤减轻或消失，睡觉时完全消失。若再爬起时又开始震颤。病轻仔猪大约2～8周恢复，病较重者往往因震颤吸吮不到乳汁，饥饿至死，天气寒冷可使病情加剧。

058 仔猪发生贫血是怎么回事？如何预防?

答：仔猪贫血多见2月龄以内的仔猪，尤其是在冬春两季最易发病。病猪食欲减退，精神沉郁，皮肤和可视黏膜苍白，被毛逆立，离群伏卧，耳朵上几乎不见明显的血管，针刺也很少出血。腹下、颌下浮肿。呼吸加快，心音亢进，消瘦、弓背凹腹，垂头屈腿。生长停滞、增重缓慢。喜食砖头、石头、泥土、杂物、舔食墙壁。

仔猪贫血预防措施如下：第一，加强母猪的饲养管理，怀孕前和泌乳期必须满足日粮中的铁的需要。第二，给仔猪补铁制剂。

059 仔猪白肌病是怎样发生的?

答：仔猪白肌病是20日龄至6月龄猪骨骼肌和心肌发生变性、坏死的一种急性非传染疾病。病猪肌肉色淡或白色，故称白肌病。一般认为白肌病是由于猪缺乏微量元素硒或维生素E引起的。青饲精料供给不足，维生素E供给缺乏，往往会引起缺乏硒或维生素E综合征，使肌肉的代谢过程发生障碍，致使肌纤维变性、坏死。另外，饲料保管贮藏不当，尤其是变质酸败时，维生素E遭到破坏，猪食了这样的饲料，更增加了患病的概率。

第六部分　肉猪篇

060 猪生长发育主要分哪几个阶段？分别需注意哪些问题？

答：仔猪出生后，根据其生理特点和营养需要，通常将其划分为哺乳期、保育期、生长肥育期等几个阶段，各阶段采用不同的饲养管理措施。

1.哺乳阶段。仔猪出生至断乳阶段，一般为3～4周。哺乳期仔猪处于生命早期，容易受外环境的影响而生病，饲养管理不善，会导致仔猪死亡。因此，加强哺乳期仔猪的饲养管理，是提高仔猪成活率和养猪效益的关键。

2.保育阶段。仔猪断奶至保育结束这一阶段，通常为6周。仔猪断奶后失去与母猪共同生活的环境，加上饲料类型和环境发生改变，对其生长发育造成很大应激，这一阶段猪只容易掉膘，体质虚弱，发病率增加，饲养管理不当容易形成僵猪，甚至死亡。因此，搞好断乳后仔猪的饲养管理十分关键。

3.生长肥育阶段。仔猪保育结束进入育肥舍饲养，直至出栏这一阶段。此阶段是猪生长发育最快的时期，也是养猪经营者获得经济效益高低的重要时期。饲养管理中应加强营养供给，提供充足洁净的饮水，搞好舍内外的环境卫生和疫病防治工作，以保证猪只充分的生长发育。

061 商品猪如何分群？

答：商品猪数量的多少直接影响商品猪的生长发育，一般体重15～60公斤的商品猪每头猪需占地0.8～1平方米，60公斤以上的商品猪每头猪需占地1.2～1.4平方米，应根据猪舍大小合理分群，一般8～10头为一群饲养。

062 小猪、中猪饲喂过程中应注意什么问题？

答："直线育肥法"，即在整个饲养期，一直采用高能量、高蛋白的营养水平或者根据不同阶段的猪只给其提供相适应的营养需求，从而加快育肥速度。35公斤以下的小猪，其消化机能尚未发育完全，饲料过量容易导致腹泻。

063 商品猪如何快速育肥？

答：1.猪在肥育前期，打好猪瘟、伪狂犬、口蹄疫等病的疫苗进行防疫，并让猪养成进食、睡觉、大小便三点定位的良好习惯。

2.驱虫、健胃。建议使用广谱驱虫药，健胃用药一般用大黄苏打片或健胃散。

3.选用优质的全价饲料。

4.定时定量。一般按体重的3%～4%投料，

5.供给充足而清洁的饮水。

6.按不同季节特点进行饲养管理。

064 育肥猪何时出栏屠宰？

答：一般情况下良种猪以活重130～150公斤、土杂猪以活重110～130公斤适时出栏。

065 猪的正常生理指标是多少？

答：正常心跳一般大猪为70～80次/分，仔猪为100～110次/分。正常呼吸次数为10～20次/分。正常体温为38～39.5℃，天热时太阳光直线照射体温可达40℃左右，2月龄以内的仔猪体温可达39.5～40.5℃。

066 怎样判断猪患中毒性疾病？

答：第一，同一猪舍内，病猪与健猪不传染此病。第二，饲喂某种饲料时发病，停喂后发病减轻或消失。而未喂该饲料的其他猪只不发病。第三，发病时体温一般不升高，有时反而下降。若有并

发症，则体温升高。第四，病猪消化系统和神经系统的症状尤为突出，观察中发现，平时食量大的猪症状较重。第五，解剖猪尸体的胃肠，查看肌肉颜色、脏器、检验血液。第六，用可疑饲料喂其他实验动物，观察临床表现。

067 猪中毒后怎样进行急救?

答：1.洗胃或催吐。猪吃了有毒饲料或饮水后6小时以内可先排除毒物。稀皂水或0.1%高锰酸钾溶液洗胃。

2.灌肠。若中毒时间超过6小时，则应采取灌肠措施，用深部温水灌肠，可促进毒物排除。用盐类泻剂加活性炭，以吸毒排毒。

3.用于解毒的药物有很多，一般应对症治疗，若不了解毒物的性质，可先采用通用解毒剂，经过确诊后，再对症解毒。通用解毒剂：如活性炭2份、氧化镁1份、鞣酸1份，混匀，加水适量灌服，活性炭用于吸收生物碱、汞、砷等有毒金属物质；氧化镁主要吸收酸类毒物，而鞣酸则用于中和碱性毒物。

068 猪吃了发霉饲料发生中毒怎么办?

答：中毒仔猪呈急性发作，表现中枢神经症状，如头弯向一侧站立，头顶墙壁，几天后死亡；怀孕母猪也较敏感，可导致流产；成年猪耐性稍强，病程较长，中毒后体温正常，但食欲减退。若是白皮猪，其耳、嘴、四肢内侧、腹部皮肤处出现红斑。腹痛、下痢、被毛粗乱，迅速消瘦，生长迟缓。治疗方法如下：第一，静脉注射阿托品；第二，皮下注射樟脑磺酸钠；第三，复方蒲公英注射液，每日2次，连续注射3～4日。

069 什么是猪中暑?

答：猪中暑的症状：突然发病，呼吸急促，心跳加快，体温升至42℃以上，精神沉郁，眩晕，四肢无力，步行不稳，卧地不起。眼结膜充血，口吐泡沫，不食、呕吐，口渴喜饮水，全身出汗，眼球突出，严重者头颈贴地，昏迷，痉挛。

治疗方法如下：中暑的病猪应放在荫凉通风地方，用凉水浇头部，冷水灌肠并让其饮用冷水，剪尾和耳尖放血。另外，还可静脉注射或腹腔注射葡萄糖和生理盐水100～500毫升；或者给中暑的猪口服十滴水，每日2次。

070 猪消化不良是什么引起的?如何预防?

答：由于突然更换饲料、暴食、饲料中粗纤维含量较高、饲料较粗等原因引起的猪消化器官机能下降，胃肠的消化、吸收功能减退，即为消化不良，是胃肠道黏膜表层的炎症反应。猪消化不良时，食欲减退甚至废绝，有的病猪表现呕吐、腹痛、拉稀，粪中含有未消化的饲料等。

预防措施如下：改善饲养管理；逐步更换饲料；定时定量饲喂；仔猪日粮中不宜过多的含粗纤维饲料；病猪少喂或停喂1～2日，改喂容易消化的饲料；用人工盐、硫酸钠、硫酸镁、植物油，灌服，主要用于清肠；酵母片、健胃散或大黄苏打片，混入少量饲料中喂给，每日2次。清肠后饲喂。

071 如何治疗僵猪？

答：仔猪在断奶后，因先天不足或后天营养不良等因素，生长缓慢或停滞，这种现象称为僵猪。这种病猪食欲正常，但光吃不长。弓背缩腹，被毛蓬乱焦卷，走路摇摆，有的肚子大，而头尖；有的便秘与下痢交替发生，排出未消化饲料；有的皮肤干燥，皱褶，精神不振，喜伏卧。

治疗措施如下：治疗僵猪要注意针对性。一般治疗僵猪的方法为：第一天用2%的敌百虫液喷洒猪体，猪舍、工具及垫料早晚各喷洒1次，以滴水为宜；第二天用驱虫药肌内注射1次；第三天每头猪肌内注射肌苷、维生素B_1；以后隔日注射1次，7次为1个疗程。

072 如何预防猪应激综合征？

答：猪应激综合征（简称PSS）是猪遭受内外环境因素的刺激

所产生的一系列非特异性病理反应。临床上以肌肉和尾巴震颤、呼吸困难，皮肤发白（有时发红）为特征。应激反应开始时，肌肉和尾巴震颤，呼吸困难，皮肤时而发白时而发红，体温迅速升高，皮肤黏膜发绀。在综合征后期，肌肉僵硬，站立困难，眼球突出，高热，呈休克状态。一般在1.5小时内死亡，最严重的不表现任何症状即突然死亡。宰杀后的猪肉苍白、柔软并有水分渗出。这种猪肉特称为白肌肉。

预防措施如下：第一，从遗传选择着手，注意选种选育。一般认为，凡是外观丰满，皮紧、腿短、股圆、背腰有肌沟，以及易惊恐、皮肤易发红斑、体温易升高的应激敏感猪，均不宜作种猪。第二，加强饲料营养管理 。使用全价料，饮水要充足。第三，猪舍避免高温、潮湿、注意防寒，尽量避免饲养密度过大。第四，保持猪群安静，不要突然惊动猪群。在调拨、运输、免疫、疾病防治、保定时避免惊恐。

073 猪湿疹如何治疗？

答：湿疹是猪的皮肤表层组织发生了炎症。病猪皮肤出现红斑、丘疹、小水泡、脓疱、糜烂、痂皮及鳞屑等，猪患湿疹时，皮肤奇痒，常在墙和食槽上擦痒，擦破后形成糜烂面，最后形成痂皮，皮肤增厚并有皱褶，皮毛脱落。严重者形成僵猪或死亡。

治疗措施如下：出现水疱或脓疱后，先将患部的毛发剪掉，再用消毒液冲洗患部。然后用10%氯化锌软膏或硼酸锌软膏涂抹，也可以涂1%～3%的紫药水。若发生溃烂，用上述消毒药洗净后，再用碘酒消毒。

074 猪脐疝如何治疗？

答：脐疝，是指腹腔内的器官连同腹膜从天然孔或病理孔脱至皮下或其他腔道内。本病多发生于仔猪。脐疝发生的原因是脐带轮未闭塞完全时，因便秘努责、吃得过饱、肚腹膨胀，加之捕追、奔跑、按压等因素引起的。也可能是先天性脐轮发育不完全，轮孔比正常宽大，肠管尤其是小肠容易通过。

治疗措施如下：将仔猪仰卧保定，术部作常规外科消毒。先将皮肤和疝内容物一起纳入腹腔，用左手食指堵住疝孔，右手将皮肤慢慢从疝孔拉出后（注意不能挤出疝内容物），持9×24缝合针，从皮肤外用结节缝合，将疝轮闭合（不要刺伤疝内容物），一般只需缝1～2针即可。

育肥猪脐疝治疗：将病猪仰卧保定，全身麻醉，术部常规外科处理；在靠近脐孔处与躯干平行切开皮肤（不要切开疝囊），钝性分离疝囊和皮肤，然后将疝囊和内容物一起纳入腹腔。用刀轻轻划破疝轮边缘肌膜，造成新鲜创面，用肠线结节缝合或纽扣状缝合闭合疝轮，修正创缘，撒上青霉素、链霉素混合粉，用7号缝合线结节缝合或纽扣状缝合皮肤，修正创缘。创口周围适当辅以减张缝合，最后涂碘酊并安装保护绷带。

075 什么是猪风湿病？如何治疗？

答：风湿病是在潮湿、寒冷、风吹等自然环境下猪的肌肉、关节等部位或全身出现反复发作的急性或慢性病。一般认为此病发生与溶血性链球菌感染有关。随着运动的增加，猪跛行逐渐减轻。

治疗措施如下：第一，2.5%醋酸可的松注射液，肌内注射，每日1～2次。第二，醋酸氢化可的松注射液，患部关节腔内注射。连续注射3～5日。第三，氢化可的松注射，静脉或肌内注射。第四，复方水杨酸钠注射液，静脉注射，每日1～2次，连续注射5日。

076 猪脱肛是怎么引起的？如何治疗？

答：连接肛门的直肠末端黏膜的一部分脱出肛门之外称为脱肛。又叫直肠脱出。多由肠卡他、长期便秘、顽固性下痢等引起。母猪可因难产、腹痛、肛门括约肌松弛等发生脱肛。2～4月龄小猪体弱、营养不良，喂粗糙饲料；母猪分娩时长时间努责也可引起脱肛。

治疗方法如下：直肠刚脱出时，先用0.1%高锰酸钾溶液清洗直肠和肛门周围，洗净后，将猪两后肢提起，慢慢送回脱出直肠。

为了防止送回的直肠再脱出，可施行荷包口式缝合固定，以不影响排粪便为宜。

脱肛后期的治疗方法如下：若脱出直肠已发生水肿或部分黏膜已坏死，可先用0.1%高锰酸钾温水或3%明矾水冲洗直肠，再用消毒过的针刺水肿黏膜，使液体流出，小心去掉碎裂黏膜，直至黏膜滴血为止，撒上少量明矾粉，将脱出部分送回。手术后，在肛门周围分上下左右四点共注射酒精或在肛门周围袋口缝合，入针时不要穿过直肠腔，留出一指宽排粪口。

077 猪跛行如何治疗?

答：阿尼利定或复方氨基比林加青霉素，颈部肌内注射，另外为了增进食欲，可用一定量的氯化钠、葡萄糖及维生素C等静脉注射。

078 猪发生创伤怎么办?

答：第一，若是小伤口，可用甲紫药水、碘酒消毒创面；若是较大伤口、0.1%新洁尔灭溶液或生理盐水、稀碘酊等反复冲洗创口，再用青霉素粉或磺胺粉等撒于创口，最后用绷带或纱布包扎。第二，若出血多，先止血。维生素K_3，一次肌内注射，每日2～3次；卡巴克洛注射液，肌内注射，每日2～3次；酚磺乙胺注射液，肌内注射或静脉注射。

079 猪伤口感染如何处理？

答：清除化脓汁、坏死组织，用3%过氧化氢溶液或0.1%高锰酸钾溶液反复冲洗创腔，酒精擦干，用浸有20%硫酸锌或硫酸钠的湿性纱布引流，直到化脓减少或形成肉芽，再用2%～3%鱼肝油红汞、水杨酸氯化锌软膏涂布伤口，也可以撒上樟脑白糖粉，或喷注10%碘仿醚。创口不能缝合且有明显污染时，可向创伤内撒磺胺粉、青霉素粉。

080 猪的异嗜症是怎么一回事？

答：猪的异嗜病是指猪拱咬圈舍地面、墙壁、栅栏、嗜食泥土、砖头瓦片等异物，严重时咬其他小猪，直至咬死。这种病的诱因包括：猪舍猪只饲养密度过大，空气不流畅导致室内氨气浓度过高；栏舍存在病猪或发烧猪，打破正常微平衡；饲料中缺乏矿物质。

第七部分　猪病篇

081 诊断猪病的步骤?

答：猪病的诊断首先要看饲料、饮水，了解病情要先观察亚健康舍的猪群，然后再看发病的猪，最后观察发病死亡的猪。

082 猪病如何综合防治?

答：综合防治可以概括为“检、隔、封、消、处、护”六个字，“检”即检查、检疫，“隔”即病猪要进行隔离，“封”即封锁，“消”即搞好预防消毒，“处”即病死猪的处理，“护”要搞好病猪的护理。每个疾病的防治都要围绕这些进行。

083 猪的病毒性疾病有哪些？如何防治?

答：常见的猪病毒性疾病大致有10种，每种疾病的症状和防治措施现分析如下。

一、猪瘟的防治

1.临床症状。患猪瘟病的猪临床上主要表现为高温、稽留热、双眼结膜炎、前肢正常后肢瘫麻、跛行、皮肤毛孔出血后期出现大面积斑点、后期白细胞减少、抗菌药物治疗无效、腹股沟淋巴结肿大。妊娠母猪表现为流产、死胎、产弱仔，病毒可通过胎盘感染给胎儿。

2.剖检变化。剖检病变主要表现为全身淋巴结大理石样、脾脏的出血性梗死、喉头膀胱黏膜上有针尖状点状出血、胃底黏膜出血、急性猪瘟肾点状出血、慢性猪瘟大肠的扣状肿（主要在回盲口、盲结口）

3.防治措施。本病目前无治疗药物，仅可加强防疫。而预防的首要措施是自繁自养，避免从外面引进带毒猪，须待免疫后再引进，进场后应单独隔离2～3周。对猪群加强饲养管理，搞好猪舍清洁卫生，定期进行消毒，不要随便让人进入猪场参观访问，以免带进病原体，造成猪瘟流行。母猪在配种前应接种兔化猪瘟弱毒疫苗。新生仔猪能获得免疫，哺乳仔猪在21～29日龄用兔化猪瘟弱毒疫苗，断奶时（60日龄）再用猪瘟接种1次。

对猪群其余可能感染而未发现症状的猪只，应作紧急预防注射。

二、猪伪狂犬病的防治

猪伪狂犬病是急性传染病。病猪年龄不同，其临床症状也有差异，但是，都无明显的局部瘙痒现象。第一，哺乳仔猪及离乳幼猪体温升高、呼吸困难、流涎、呕吐、下痢、食欲不振；精神沉郁；肌肉震颤、步态不稳、四肢运动不协调；眼球震颤，间歇性痉挛，后躯麻痹，有前进、后退或转圈等强迫运动；常伴有癫痫样发作及昏睡等现象。发病后1～2天内出现神经症状，死亡率可达100%。若发病6天后才出现神经症状，则有恢复希望。但可能有永久性后遗症，如瞎眼、偏瘫、发育障碍等。第二，育肥猪常见便秘，一般症状和神经症状较幼猪轻，病死率也低，病程约4～8天。第三，成年猪常呈隐性感染，较常见的症状为微热、倦怠、精神沉郁、便秘、食欲不振。数日即恢复正常，很少见到神经症状。第四，怀孕母猪于受胎40天后感染时，常有流产、死胎及延迟分娩等现象。怀孕后期感染的则产出木乃伊胎，也有活产胎儿，但胎儿常产后不久出现典型的神经症状而死亡。母猪流产前后，大多无明显的临床症状。

本病的防治主要是注射疫苗配合使用维生素B_1。

三、猪蓝耳病的防治

猪蓝耳病属于RNA病毒，现在分离出来的蓝耳病有两个毒株：欧洲株和美洲株。病猪主要表现为妊娠母猪废食、气喘、体表发绀、繁殖障碍、产弱仔；哺乳母猪高温、厌食、流产、早产、产死胎木乃伊胎；后备猪表现为高热、耳朵呈蓝紫色（个别发生）、咳嗽、厌食；种公猪发热、厌食、气喘、精液质量下降（表现为精液稀薄、精子畸形、受精率下降）；肥猪减食、气喘、发痒；哺乳仔猪哮喘、肌肉震颤、运动障碍（轻的共济失调、严重的后驱瘫痪）、多发性关节炎、病死率高达50%～60%。尸体剖检表现为哺乳母猪眼睑浮肿、淋巴结肿大、间质性肺炎、体腔（胸腔、腹腔、心包、脑室）积液。

防治措施如下：蓝耳阳性场的母猪建议注射疫苗，治疗的原则是抗病毒药＋免疫增强剂＋维生素B族＋维生素E＋电解质。要加强消毒，做好流产物的处理。

四、猪圆环病毒病的防治

猪圆环病毒属于单股DNA，侵入机体后复制快，首先损害巨噬细胞系统，使机体抗病力下降，引起免疫抑制。症状表现如下：第一，仔猪多系统衰竭综合征：减食、萎靡、嗜睡、发热、贫血性黄疸、喘咳、腹股沟淋巴结肿大5～10倍、腹泻、渐进性消瘦。剖检表现为黏膜苍白黄疸、脂少肌缩、橡皮肺（纤维化、肉变、间质增宽）、肾肿大色淡坏死、肝脾出血点、心肌炎。第二，传染性先天性震颤：受应激时震颤加强，不影响哺乳。第三，母猪繁殖障碍：病猪高热减食、流产、病后不孕或偶尔怀孕受胎率极低。第四，肥猪出现猪间质性肺炎：病猪沉郁、减食、喘咳、减食、生长缓慢。

防治措施如下：本病主要依靠疫苗防治，同时还应减少应激、加强消毒。合理的药物防制原则是抗病毒药＋抗菌药＋免疫增强剂。一般情况下，药物预防是断奶前1周至断奶后1个月用支原净＋金霉素或土霉素或多西环素拌料饲喂，同时用阿莫西林饮水。母猪用支原净＋金霉素或土霉素。

五、猪口蹄疫的防治

猪口蹄疫是一种偶蹄兽类易感染的急性、热性传染病，病毒为口蹄疫病毒。

1.流行特点。本病主要侵害牛、羊、猪及野生偶蹄兽，人也会被感染。本病传播迅速，流行猛烈，常呈流行性发生，发病率很高，病死率一般不超过5%，多发生于冬季，夏季往往自然平息。

2.症状。病猪以蹄部出现水泡为主要特征，病初体温升高到40～41℃，精神不振，食欲减退或废绝，蹄冠、蹄踵、趾间出现发红、微热、敏感等症状，不久形成黄豆大、蚕豆大的水泡，水泡破裂后，出现出血性烂斑，一周左右恢复，若有细菌感染，则局部化脓坏死，引起蹄壳脱落，患肢不能着地，常卧地不起，部分病猪的口腔黏膜、鼻盘和哺乳母猪的乳头，也可见到水疱或烂斑。吃奶仔猪患此病时，多呈胃肠炎和心肌炎，死亡率特高。

3.预防。第一，做好接种疫苗工作，及时接种猪口蹄疫苗。第二，流行时控制。一旦发现该疫流行，应立即上报。对患病的猪应焚烧深埋。疫点周围可用2%的烧碱溶液消毒，每隔2～3日消毒1次。疫区周围的猪应立即注射口蹄疫苗，然后再注射疫区内的猪。

六、猪乙型脑炎的防治

猪乙型脑炎是一种人畜共患的由乙型脑炎病毒引起的热性传染病。由蚊虫传播，死亡率较低。多见于6月龄左右的猪，多发于7～9月。

1.症状。发病突然，体温高达40～41℃，喜卧地，精神不振，食欲明显减退，常口渴，结膜潮红，粪便干燥呈球状，尿液深黄。母猪发病多流产或早产、胎儿为死胎或木乃伊胎，存活的仔猪几天后出现痉挛，而后死亡。公猪睾丸肿胀，多呈一侧性，阴囊发热，疼痛，数日后肿胀消退，逐渐萎缩变硬，丧失配种能力。

2.治疗措施。目前尚无特效治疗方法，主要依靠母猪每年注射疫苗。

七、猪传染性胃肠炎的防治

猪传染性胃肠炎是一种急性肠道传染病，属于冠状病毒，病猪表现为脱水消瘦、呕吐、频繁喷射稀粪便、粪便恶臭呈灰褐色。剖检表现为卡他性出血、肠系膜淋巴结呈灰白或黄白肿大、乳糜管空虚、肾脏由于尿酸炎沉积而肿大。

防治措施如下：主要是改变仔猪计划产仔时间，给母猪、仔猪注射疫苗，发现病猪要隔离治疗，主要选用抗病毒药物＋高效抗菌药＋免疫增强剂＋维生素B_1（黏膜保护剂）＋补液炎。

八、猪流行性腹泻的防治

猪流行性腹泻是一种急性肠道传染病，其病原为流行性腹泻病毒，属于冠状病毒。

1.临床症状。病猪开始体温稍有升高，精神沉郁，食欲减退，继而排水样大便，呈灰黄色或灰色，吃食或吮乳后部分仔猪发生呕吐，断奶仔猪、肥育猪及母猪持续腹泻4～7天，逐渐恢复正常。成年母猪只发生呕吐和厌食。

2.病理变化。病变在小肠，肠管膨满、扩张，含有大量黄色液体，肠壁变薄，小肠绒毛变短，肠系膜、淋巴结水肿。

3.防治措施。无特效药，主要靠疫苗预防，治疗可参考猪传染性胃肠炎方案。

九、猪轮状病毒病的防治

猪轮状病毒属于DNA病毒，是人畜共患病。主要发生在幼龄猪特别是2月龄以内的仔猪，寒冷季节多发特别是在晚秋、冬季、早春多发，可出现交叉感染。2月龄以内的仔猪发病、成猪隐性感染带毒，呕吐、突然腹泻（轻的黄白稀便、严重的黑水便）、肠系膜淋巴结水肿。

防治措施如下：母猪要注射疫苗，发病的仔猪要停止哺乳。药物治疗用抗病毒药 + 抗菌药 + 免疫增强剂 + 补液 + 收敛药。

十、猪流行性感冒的防治

猪流行性感冒是一种急性、呼吸器官传染病，病毒为猪流行性感冒病毒。

1.临床症状。病猪突然发病，病猪体温升高40～42℃，精神不振，食欲减退或废绝，常挤卧在一起，不愿走动，呼吸困难，咳嗽，打寒战，眼睛发红，怕光流泪，从眼鼻流出黏液性分泌物，大便干硬，若无并发症，5～7天便可恢复。对于抵抗力低下的猪只，若引起继发性支气管肺炎或胸膜炎，则可导致死亡。

2.病理变化。病变主要在呼吸器官，鼻、喉、气管和支气管黏膜充血，表面有多量泡沫状黏液有的混有血液，肺有不同程度的坏死。

3.防治措施。板青颗粒饮水，为防止继发感染，可服用阿莫西林，同时给予止咳祛痰药物。

084 猪的细菌性疾病有哪些？如何防治？

答：猪的细菌性疾病大致有以下15种，每种疾病的症状和防治措施现分析如下。

一、猪丹毒的防治

猪丹毒又被称为猪“打火印”，是一种急性、热性、败血性传染病，病原为丹毒丝菌，革兰氏染色阳性。

1.临床症状。体温突然升至42℃以上，打寒战，减食，或有呕吐，常躺卧地上，不愿走动，一旦唤起，仍有意想不到的活动力，行走时，步态僵硬，或跛行，似有疼痛，站立时背腰拱起，结膜充血，眼睛清亮有神、很少有分泌物，大便干燥，后期发生腹泻，发病1～2日后，皮肤上出现红斑疹，颜色先淡红色，后变为紫红，以至黑色，其形状大小不规则，形状为方形、菱形或圆形，有的形成痂皮，严重的发生坏死，最后脱落。皮肤出现红斑，以耳、颈、背、腿外侧较多见，指压褪色，指去复原。

2.病理变化。皮肤上有大小不一、形状不同的红斑或弥漫性红色疹块，脾肿大充血，呈樱桃红色，肾瘀血肿大，呈暗红色，皮质部有出血点。淋巴结充血肿大，有小出血点。肺瘀血水肿，胃或十二指肠充血、出血，关节液增加。房室瓣常有疣状心内膜炎，瓣膜上有灰白色增生物，呈菜花状。关节肿大，有炎症，关节腔内有纤维性渗出物。

3.防治措施。本病治疗可以肌内注射青霉素，每天2次。

二、猪气喘病的防治

猪气喘病又称地方流行性肺炎。病原为支原体。

1.流行特点。大小猪均有易感性，其中哺乳仔猪、病猪最易发此病，其次是妊娠母猪后期及哺乳母猪，成年猪多呈隐性感染。本病没有明显的季节性，但以冬季、春季较多。

2.临床症状。主要症状为咳嗽和气喘，病初短声连咳，在早晨出圈后，受到冷空气的刺激，或经驱赶运动或喂料的前后最易听到，同时流少量清鼻液，病重时，为灰白色黏性或脓性鼻液。在病的中期出现气喘症状，呼吸次数60～80次，呈明显的腹式呼吸，此时咳嗽少而深沉。体温一般正常，食欲无明显变化。病的后期，则气喘加重，甚至张口喘气，同时精神不振，猪体消瘦，不愿走动，病程长，但病死率低。

3.病理变化。病变局限于肺和胸腔内的淋巴结，病变从肺的心叶开始，逐渐扩展到尖叶，中间叶及叶的前下部，呈灰红色、灰白色，硬度增加，外观似肉样或胰样。

4.防治措施：盐酸土霉素、硫酸卡那霉素、泰乐菌素，磺胺类、四环素、金霉素、维生素B_6等都有疗效。预防本病一般用猪气喘苗。

三、猪痢疾的防治

猪痢疾又叫猪红痢，也称出血性痢疾、黑痢，是由猪痢疾密螺旋体引起的一种肠道黏膜出血性、黏液性、渗出性及坏死性肠道传染病。主要特征是黏液性或黏液出血性下痢。一般只限于猪感染。不分年龄均可发病，主要见于6～12周龄的仔猪。经消化道传染，潜伏期平均为1～2周。传播速度缓慢，流行期长，死亡率较低。

治疗措施如下：第一，肌内注射痢菌净，每日1次，连用4～6

日。第二，内服土毒素，每日2次，连服5～7日，必要时再追加2次。第三，肌内注射多西环素，每日1次，连续注射3～5日；也可以拌料喂服或饮水，连用3～5日。

四、仔猪黄痢的防治

仔猪黄痢病是由大肠杆菌引起的3日龄左右仔猪急性肠道传染病，潜伏期很短，仔猪出生后数小时即可发病。死亡率极高，主要特征为腹泻，粪便呈黄色液状。

1.发病特点。多发生于乳猪，尤其是3～7日龄。发病率高，死亡率一般，母猪初产仔猪发病率和死亡率较高。由消化道感染，病程短，一般为2～3日。

2.治疗措施。第一，土霉素，每日1次，灌服，连用5～7日。第二，庆大霉素，5000单位肌内注射，或2万单位口服，每日2次。第三，恩诺沙星，肌内注射，每日2次。第四，治疗时应配合使用口服补液盐，防止脱水。

五、仔猪白痢的防治

仔猪白痢病是由大肠杆菌引起的哺乳仔猪（20日龄以内）的一种下痢性传染病。

1.本病特征。下痢时排出乳白色、灰白色或淡黄色的黏糊状粪便，具有恶臭。

2.病因。第一，母猪过肥，乳汁过浓，乳内脂肪和蛋白质含量较高，仔猪吃后消化不良，会引起下痢。第二，不清洁的饮用水。第三，母乳不足导致仔猪营养不良，消化器官发育不全而引起下痢。第四，饲料管理不当，如饲料营养不全、霉烂，或仔猪饲料调剂不当等。第五，气候骤变而引起感冒。

3.治疗。第一，恩诺沙星、环丙沙星等，肌内注射，连续注射3日。第二，出生仔猪在未吸乳之前，每头灌服庆大霉素以预防本病。

六、仔猪红痢病的防治

仔猪红痢病，又叫猪梭菌性肠炎或仔猪坏死性肠炎，是由C型产气荚膜梭菌（即魏氏梭菌）引起的仔猪肠毒血症。因为病猪拉红色黏液粪便，故称红痢病。主要是出生后1～3日龄的乳猪发病，7日龄以上的猪一般不发此病。产猪季节均可发生。

1.症状。发病迅速，出生后数小时即可表现出症状，其病程极短，有的不表现症状即死亡。发病后全身无力，不吃奶，走路摇晃，拉血样稀便，后躯沾污血便，呈濒死状态，最急性时病发当天或第2天死亡。被毛粗刚挺、暗无光泽，四肢、耳尖、嘴尖发紫，震颤，摇头，抽搐，很快衰竭而死。少数病猪可延至5～6日后死亡。

2.治疗。硫酸新霉素、痢菌净和地美硝唑对治疗本病均有效。

七、仔猪副伤寒的防治

仔猪副伤寒又称沙门氏菌病，其病原体为猪霍乱沙门氏菌和猪伤寒沙门氏菌。

1.临床症状。病猪体温升高，达41～42℃，食欲不振，精神沉郁，鼻镜干燥，病初便秘，以后下痢，粪便恶臭，有时带血，常有腹部疼痛症状，弓背尖叫，耳、腹及四肢皮肤呈深红色，后期呈青紫色，最后病猪呼吸困难，体温下降，偶尔咳嗽、痉挛。

2.病理变化。肠部淋巴结肿胀、隆起，以后发生坏死和溃疡，表面有黄色或淡绿色麦麸样物质，以后逐渐融合，形成弥漫性坏死，肠壁增厚。肝、脾及肠系膜淋巴结肿大，常见到针尖大或粟粒大的灰白色坏死灶，肺有时见到卡他或干酪样肺炎病灶。

3.防治。氟苯尼考、土霉素、新霉素、多西环素和白头翁散对本病均有疗效。

八、猪衣原体病的防治

猪衣原体病是由鹦鹉热衣原体引起的一种接触性传染病。这种病可引起怀孕母猪流产、死胎、不孕和产下弱仔或木乃伊胎儿，引发猪的肺炎、肠炎、多关节炎、结膜炎及尿道生殖道感染等疾病。通常情况下，衣原体病为隐性感染，不表现临床症状。病重时，病猪精神抑郁不愿走动，体温升高，食欲减退或厌食。有时呼吸急促，偶有咳嗽，关节肿大，步态僵硬或跛行。眼结膜潮红，呈水肿状，不断排出分泌物。

治疗措施如下：第一，定期对猪舍进行严格消毒。第二，四环素、金霉素、土霉素有良好疗效。

九、猪水肿病的防治

猪水肿病是由溶血性大肠杆菌引起的断奶仔猪的一种急性、散发性、致死性肠毒血症。

1.临床症状。突然发病，绝食，头部、颈部、眼睑水肿，严重的可引起全身水肿，指压水肿部位有压痕。发病初期有神经症状，表现兴奋、转圈、痉挛、惊厥、运动失调、粪尿减少，有的下痢，体温偏低，皮肤或可视黏膜苍白，腹围增大。

2.病理变化。主要为水肿，切开水肿部位，常有大量透明或微黄色液体流出，胃大弯部水肿明显，大肠或其肠系膜高度水肿，呈白色胶冻样，有出血点，肝表面有灰白色斑点，斑点边缘不整齐，体表淋巴结和肠系膜淋巴结肿大，胸腔和腹腔积液，心脏有点状出血，呈大理石状，脊髓、大脑皮层及脑干部也有非炎性水肿。

3.防治方法。卡那霉素、葡萄糖、碳酸氢钠，静脉注射，维生素C肌内注射；酸环丙沙星，肌内注射；亚硒酸钠加维生素E联合用药。

十、猪肺疫的防治

猪肺疫俗称猪“锁喉风”，又名猪巴氏分枝杆菌病，或猪出血性败血症，是由多杀性巴氏杆菌引起的急性败血性传染病，主要特征是急性败血症，通常是猪瘟、猪流感或其他疾病的继发症。潜伏期1～4天，流行快，发病率高。

1.常见疾病类型。第一，最急性型。即“锁喉风”，发病突然，几小时内即死亡，多见于仔猪。第二，急性型，最典型也最常见。体温升高，不食，呼吸困难。先干咳、鼻流黏液，然后湿咳，表现疼痛感，呈典型的胸膜肺炎症状，皮肤有紫斑或出血点，有败血症状，病程为4～8天，少数转为慢性。第三，慢性型。主要表现为慢性肺炎和慢性肠炎。若不及时治疗，2～3周后会因衰竭而死。

这种猪往往因生长停滞而成僵猪。

2.治疗措施。青霉素、链霉素，每日2次，连续注射3日；氨苄西林，每日2次，肌内注射，连续注射3～5日；饲料全群拌药（阿莫西林、氟苯尼考、多西环素等）。

十一、猪葡萄球菌病的防治

猪葡萄球菌病是由葡萄球菌引起的一种传染性疾病。发病仔猪拉稀，粪便呈黑色，稀薄，有恶臭，母猪表现干瘦，肩部、腹部后缘多有化脓疮结，跛行，间歇性咳嗽，精神沉郁，无力，被毛无光泽，不发情，即使配种，易流产，所有病猪并发肺炎、结节炎、脓疱等。

治疗措施如下：隔离病猪，用消毒剂进行全面消毒；用青霉素、庆大霉素、头孢类、卡那霉素、土霉素进行治疗。

十二、猪链球菌病的防治

猪链球病是由链球菌引起的一种急性热性传染病。潜伏期为1～8天。

1.类型。第一，败血症型。潜伏期1～3天，突然发病，精神不振，体温升高至41～43℃，腹下有紫红斑，最急性型往往不表现症状即死亡。部分患猪出现多发性关节炎，跛行。眼结膜潮红，流泪，流鼻涕，咳嗽，呼吸浅而快，日渐消瘦，若不及时治疗，容易死亡。第二，脑膜炎型。不食、便秘、体温升高可达42℃，流鼻涕，呈浆液性或黏液性。出现神经症状，盲目转圈行走，磨牙，空嚼，共济失调，甚至后肢麻痹，也有部分病猪出现关节肿大或头、颈、背出现水肿，指压凹陷，若不及时治疗，往往急性死亡。

2.防治措施。青霉素链霉素，肌内注射，每日2次，连续注射3～5日；普鲁卡因青霉素，肌内注射，每日1次，连续注射2～3日；头孢类，肌内注射，每日1次，连续注射3日；饲料拌药（磺胺类药物、阿莫西林等）。

十三、猪副嗜血分枝杆菌病的防治

1.类型。第一，急性型：较少见。发病猪多见于膘情较好的猪，病猪发热（40.5～42℃）精神沉郁，采食下降，呼吸困难，呈腹式呼吸， 从出现症状至死亡一般不超过2天。存活者可留下后遗症，转化为慢性型。第二，慢性型，多见于哺乳及保育期仔猪。病猪体温一般不升高（38～40℃）主要是食欲下降，精神沉郁，发抖，打堆，呼吸困难，鼻孔有黏液性及浆液性分泌物，被毛粗乱、消瘦，体表皮肤发红或苍白，行动缓慢或不愿站立，关节肿大、转圈、共济失调，四肢无力或跛行，生长不良，甚至衰竭死亡。

2.剖检变化。纤维素性胸膜炎，纤维素性心包炎，肺表面覆盖有大量脓性纤维素性渗出物，心包积液，肺粘连，腹膜炎，腹腔内有大量脓性渗出物，关节腔有多量脓性物质。有些病猪常伴有胸水，腹水增多，有的肺脏肿胀，出血、瘀血、间质增宽。个别心包膜与心脏粘连在一起，形成“绒毛心”，全身淋巴结肿大、出血，呈暗红色，切面呈大理石样花纹，脾肿大，甚至有大面积的出血性梗死。

3.管理。加强饲养管理与环境消毒，尽量消除诱因，减少各种应激。在疾病流行期间，有条件的猪场仔猪断奶时可暂不混群，对混群的一定要严格把关，把病猪集中隔离在同一猪舍，对断奶后保育猪进行“分级饲养”，这样也可减少猪蓝耳病和圆环病毒病在猪群中的传播。注意保温，减少温度的应激；在猪群断奶、转群、混群或运输前后可在饮水中加一些抗应激的药物如维生素C等。

4.治疗措施。在饲料中添加针对支原体、放线杆菌有特效的药合组合才是预防本病的重要手段。可在仔猪断奶前后和母猪产前产后通过添加抗菌药物预防本病的发生，如氟苯尼考+阿莫西林等药物连用7天。

十四、猪传染性萎缩性鼻炎的防治

1.特征。鼻炎、鼻甲骨发生萎缩，尤其是鼻甲下卷曲最为常见。严重的可蔓延至鼻骨、上颌骨和门齿骨，导致进食困难，生长发育迟缓。发病初期打喷嚏，流鼻涕，由血样逐渐变为黏液性脓性鼻汁，尤其是进食时流出较多。时间长流眼泪，使眼眶下面形成一半月形黑区，伴发结膜炎，由于鼻黏膜受到刺激，病猪常常表现不安、拱地、摇头、摩擦鼻子，严重时呼吸困难，发出鼾声。逐渐发生鼻甲骨萎缩，病重时，鼻及面部发生变形，鼻甲骨萎缩后，鼻腔侧歪扭，下唇顶点与鼻中隔不在一条线上。猪龄越小，萎缩越多，越严重，鼻常见出血，有时波及脑或肺，伴发脑膜炎或肺炎，出现这类症状的病猪死亡率较高。

2.预防。第一，最好自繁自养，若购入新猪，即使从健康猪场购入，也应先隔离饲养一段时间后再入群。第二，良种母猪感染后，应在临产前后注意全面消毒，所产仔猪最好送给健康母猪代乳。第三，母猪应单独饲养，同时注意猪舍的通风，保持清洁、干燥。第四，定期预防性用药，母猪产后15日内给予金霉素和土霉素，哺乳仔猪从15日龄吃食起，每日2次，连用20日。第五，每公斤饲料中添加土霉素，在仔猪出生后3～7周内饲喂可以减少此病的发生。

十五、猪传染性胸膜肺炎的防治

传染性胸膜肺炎是由放线杆菌引起的，属于革兰氏阴性菌。各种年龄的猪都可以感染，4～5月龄的猪多发，季节性流行4～5月或6～11月多发。病猪表现为高热、短期呕吐、腹泻、呼吸困难、口鼻流泡沫状黏液、皮肤发绀、实验室检查可检出放线杆菌。剖检可见大叶性肺炎、纤维素性胸膜炎、胸腔积液呈黄色或红色浑浊。

防治措施如下：加强饲养管理，防寒保温，发现病猪要隔离治疗。药物治疗可以选用喹诺酮类、氟苯尼考、卡那霉素、磺胺类药物等。

085 猪的寄生虫性疾病有哪些？如何防治？

答：猪的常见寄生虫性疾病有5种，每种疾病的症状和防治措施现分析如下。

一、猪球虫病的防治

球虫病是一种由球虫引起的肠道寄生虫病。发病初期，少食、腹泻、排出糊状粪便，呈棕褐色或棕黄色，有时下痢与便秘交替，排出土灰色、黄色胶冻状或水样稀便。粪内混有大量黏液和未消化的饲料。精神不振，但体温、呼吸正常。发病后期，食欲大减，喜饮污水，喜卧。因贫血而皮肤苍白，排出黄白或带污黑色血液的黏性糊状稀便，严重时大便失禁，不断排出带血液的稀粪，具恶臭味，污染后躯，肛门周边红肿，并出现努责现象。

防治措施如下：出生3天后的仔猪灌服百球清加以预防，治疗选用百球清或者磺胺类药物。

二、猪蛔虫病的防治

猪蛔虫病是由猪蛔虫寄生于猪小肠内而引起的一种寄生虫病。是猪常见的寄生虫病，对于3～6月龄的肉猪危害最为严重。病轻时无明显症状。严重时出现咳嗽，病猪精神不振，日渐消瘦，伴有贫血、并体温升高，呼吸急促，食欲减退，被毛焦而无光，有时呕吐、腹泻。病程长者形成僵猪，严重的可引起肠道阻塞或破裂，甚至造成死亡。

预防措施如下：第一，定期驱虫，保持猪舍清洁卫生，每年春秋两季各驱虫1次，平时每隔2个月驱虫1次。经常打扫粪便，将猪粪进行无害化处理。如堆积发酵，生物热处理，以消灭虫卵，应特别注意饮用水要保持清洁。第二，猪舍消毒。常用20%～30%的热草木灰或4%的氢氧化钠溶液消毒杀虫。第三，用提前发酵的饲料喂猪，饲料发酵（52℃）24小时后蛔虫卵会全部死掉。第四，发现病猪及时驱虫，最好在成虫前驱虫。第五，对断奶仔猪坚持饲喂含有蛋白质、维生素、矿物质等营养丰富的饲料，以增强仔猪抗病能力。

三、猪疥螨病的防治

猪疥螨病俗称猪癞，是一种接触传染的寄生虫病，主要是由病猪与健康猪的直接接触，或通过与被螨及其卵污染的圈舍、垫草和饲养管理用具间接接触而引起的传染病。幼猪有挤压成堆躺卧的习惯，更是促使本病迅速传播的因素。猪舍阴暗、潮湿、环境不卫生及营养不良均可促进本病的发生和发展。秋冬季节，特别是阴雨天气本病蔓延最快。症状：猪眼睛周围、颊部、耳根、背部、体侧、股内侧都可感染。感染处剧痒，病猪到处摩擦或以肢蹄搔擦患处，以致患处脱毛并出现红斑、结节、结痂、皮肤增厚，有的病猪患处皮肤形成皱褶和龟裂。

防治措施如下：猪舍要经常保持清洁、干燥通风。可用5%火碱水消毒或用火焰喷灯焚烧地面及墙壁。防止引进疥螨病病猪。现有病猪可用肥皂水或酚制剂溶液彻底洗刷患部，再用0.5%～1%敌百虫涂搽或喷洒患部，每周1次，连用2～3次；广谱驱虫药阿维菌素（或伊维菌素）皮下注射，间隔5～7天再用1次，多数可治愈。

四、猪弓形虫病的防治

猪弓形虫病，是由弓形虫的原虫引起的一种人畜共患的寄生虫病。以高热为特征（成年猪发病症状不明显），常见于3～4月龄仔猪，尤以断奶仔猪最易发病。病猪精神沉郁，体温升高达41～42℃，高热不退，可持续1～2周，食欲减退或不食，便秘或下痢，呼吸困难，次数增加，呈腹式呼吸，时有咳嗽或呕吐，结膜充血，有眼屎，鼻镜干燥，流浆液性、黏液性或脓性鼻液。常常发抖，步态不稳，有时全身肌肉僵直，耳或躯体下部有出血点，严重时极度衰竭，卧地不起，怀孕母猪发生流产或死胎。

防治措施如下：第一，禁止猪场附近养猫和狗，并注意灭鼠，防止它们传染此病。第二，注意保持猪舍、运动场所及用具的清洁卫生，及时清除粪便，定期消毒。第三，用磺胺-6-甲氧嘧啶+TMP拌料，可以预防卵囊感染。第四，发病猪使用磺胺-6-甲氧嘧啶，每日分2次肌内注射，连续注射3～5日。

五、猪附红细胞体病的防治

猪附红细胞体病又称“红皮病”，是由猪附红细胞体引起的。

1.主要症状。体温升高，达40～41℃，稽留高热数天，食欲减退甚至废绝，精神沉郁，不愿走动，粪便初干成球状，附有黏液和血液，后干稀交替，两后肢抬举困难，站立不稳，全身颤抖，叫声嘶哑。气喘，有的犬座，张口呼吸，流鼻涕，呼吸困难，全身皮肤发红，指压褪色，黄疸，尿黄，贫血，皮肤及黏膜苍白，血液稀薄，色淡，凝固不良，采血后流血不止，后期血液黏稠，呈紫褐色。腹下、耳根、尾根出现小点出血，继而进一步扩大，最后连成一片，变成青紫色，使皮肤脱落，并造成继发感染。耳发绀，便干，边缘向上卷起。母猪发病，乳房和阴唇水肿，缺乏母性行为，不发情或屡配不孕。

2.剖检症状。尸僵不全，全身皮肤黄染，肝大变形，呈土黄色，质脆，并有出血点或坏死点。胆囊充满浓明胶样胆汁，脾肿大变软，淋巴结肿大，胸、腹腔及心包囊有淡红色积液。

3.防治措施。本病治疗主要是杀虫、加强消毒、减少应激、补铁，病猪可用高效抗菌药 + 维生素B_{12} + 免疫增强剂 + 保肝利胆的药物。

第八部分　药物篇

086 常用的猪用药物分类有哪些？

答：常见的猪用药物见下表。

药物分类	作用机理	抗菌谱	代表药物
青霉素类	干扰细菌细胞壁的合成	G+菌、G-球菌、螺旋体，放线菌感染，对G-杆菌不敏感	青霉素G、青霉素V、普鲁卡因青霉素、阿莫西林、氨苄青霉素
头孢菌素类	抑制转肽酶而干扰细菌细胞壁质的合成	抗菌谱较青霉素G广，对金葡菌、化脓性链球菌、肺炎双球菌、白喉杆菌、肺炎杆菌、变形杆菌和流感杆菌等有效	第一代头孢：头孢拉定 第二代头孢：头孢美唑、头孢西丁和头孢替坦 第三代头孢：头孢噻肟、头孢噻呋 第四代头孢：头孢吡肟
β-内酰胺酶抑制剂	与耐药菌产生的β-内酰胺酶的活性部位结合，使β-内酰胺酶失活，从而使β-内酰胺免受催化，从而发挥抗菌作用		克拉维酸钾、舒巴坦

续表

药物分类	作用机理	抗菌谱	代表药物
氨基糖苷类	抑制细菌蛋白质的合成，作用点在细胞30S核糖体亚单位的16SrRNA解码区的A部位	敏感需氧革兰阴性杆菌所致的全身感染	链霉素，卡那霉素，庆大霉素，阿米卡星，新霉素，大观霉素，安普霉素
四环素类	与细菌核糖体30S亚基的A位置结合，阻止氨基酰-tRNA在该位上的联结	对革兰氏阴性需氧菌和厌氧菌、立克次体、螺旋体、支原体、衣原体及某些原虫等有抗菌作用	多西环素、金霉素、四环素、土霉素
大环内酯类	能不可逆的结合到细菌核糖体50S亚基上，通过阻断转肽作用及mRNA位移	G+菌、G-球菌、胸膜肺炎放线杆菌、支原体、衣原体	红霉素、阿奇霉素、泰乐菌素、替米考星
氯霉素类	通过可逆地与50S亚基结合，阻断转肽酰酶的作用，干扰带有氨基酸的氨基酰-tRNA终端与50S亚基结合	需氧革兰氏阳性细菌、需氧革兰氏阴性菌、沙门氏菌属、大肠杆菌属、奇异变形杆菌、霍乱弧菌等亦敏感	氟苯尼考
林可胺类	作用于敏感菌核糖体的50S亚基，阻止肽链的延长，从而抑制细菌细胞的蛋白质合成	革兰阳性菌如葡萄球菌属、链球菌属、白喉杆菌、炭疽杆菌等有较高抗菌活性。对革兰阴性厌氧菌也有良好抗菌活性	林可霉素

续表

药物分类	作用机理	抗菌谱	代表药物
磺胺类	与PABA类似，能与PABA竞争二氢叶酸合成酶，影响了二氢叶酸的合成，因而使细菌生长和繁殖受到抑制	多数G+菌、部分G-球菌、衣原体，某些原虫（弓形体）	磺胺嘧啶钠、磺胺间甲氧嘧啶钠、磺胺六甲氧嘧啶钠
喹诺酮类	抑制细菌的DNA旋转酶,从而影响DNA的正常形态与功能,阻碍DNA的正常复制,转录,转运与重组,从而产生快速杀菌作用	抗菌谱广，抗菌活性强，尤其对G-杆菌的抗菌活性高，包括对许多耐药菌株如MRSA（耐甲氧西林金葡菌）具有良好抗菌作用	诺氟沙星、环丙沙星、恩诺沙星、沙拉沙星、二氟沙星、氧氟沙星
截短侧耳类	作用于敏感菌核糖体的50S亚基，阻止肽链的延长，从而抑制细菌细胞的蛋白质合成	G+菌、G-球菌、胸膜肺炎放线杆菌、支原体、衣原体	泰妙菌素

087 常用药物的配伍禁忌是什么？

答：常用药物的配伍禁忌如下表。

分类	药物	配伍药物	配伍使用结果
青霉素类	青霉素钠、钾盐；氨苄西林类；阿莫西林类	喹诺酮类、氨基糖苷类、（庆大霉素除外）、多黏菌类	效果增强
		四环素类、头孢菌素类、大环内酯类、氯霉素类、庆大霉素、利巴韦林、培氟沙星	相互拮抗或疗效相抵或产生副作用，应分别使用、间隔给药
		维生素C、罗红霉素、多聚磷酸酯、磺胺类、氨茶碱、高锰酸钾、盐酸氯丙嗪、B族维生素、过氧化氢	沉淀、分解、失效
头孢菌素类	“头孢”系列	氨基糖苷类、喹诺酮类	疗效、毒性增强
		青霉素类、四环素类、磺胺类	相互拮抗或疗效相抵或产生副作用，应分别使用、间隔给药
		维生素C、维生素B、磺胺类、罗红霉素、氨茶碱、氯霉素、氟苯尼考、甲砜霉素、盐酸多西环素	沉淀、分解、失败
		强利尿药、含钙制剂	与头孢噻吩、头孢噻呋等头孢类药物配伍会增加毒副作用

续表

分类	药物	配伍药物	配伍使用结果
氨基糖苷类	卡那霉素、阿米卡星、核糖霉素、妥布霉素、庆大霉素、大观霉素、新霉素、巴龙霉素、链霉素等	抗生素类	本品应尽量避免与抗生素类药物联合应用，大多数本类药物与大多数抗生素联用会增加毒性或降低疗效
		青霉素类、头孢菌素类、TMP	疗效增强
		碱性药物（如碳酸氢钠、氨茶碱等）	疗效增强，但毒性也同时增强
		维生素C、B族维生素	疗效减弱
		氨基糖苷同类药物、头孢菌素类	毒性增强
	大观霉素	氯霉素类、四环素	拮抗作用，疗效抵消
	卡那霉素、庆大霉素	其他抗菌药物	不可同时使用
大环内酯类	红霉素、罗红霉素、硫氰酸红霉素、替米考星、吉他霉素、泰乐菌素、替米考星、乙酰螺旋霉素、阿奇霉素	螺旋霉素、阿司匹林	降低疗效
		青霉素类、无机盐类、四环素类	沉淀、降低疗效
		碱性物质	增强稳定性、增强疗效
		酸性物质	不稳定、易分解失效

续表

分类	药物	配伍药物	配伍使用结果
四环素类	土霉素、四环素、金霉素、多西环素、米诺环素	甲氧苄啶、三黄粉	稳效
		含钙、镁、铝、铁的中药如石类、壳贝类、骨类、矾类、脂类等，含碱类，含鞣质的中成药、含消化酶的中药如神曲、麦芽、豆豉等，含碱性成分较多的中药如硼砂等	不宜同用，如确需联用应至少间隔2小时
		其他药物	四环素类药物不宜与绝大多数其他药物混合使用
氯霉素类	甲砜霉素、氟苯尼考	喹诺酮类、磺胺类、呋喃类	毒性增强
		青霉素类、大环内酯类、四环素类、多黏菌素类、氨基糖苷类、头孢菌素类、维生素B类、铁类制剂、免疫制剂、环林酰胺、利福平	拮抗作用，疗效抵消
		碱性药物（如碳酸氢钠、氨茶碱等）	分解、失效

续表

分类	药物	配伍药物	配伍使用结果
喹诺酮类	吡哌酸、“沙星”系列	青霉素类、链霉素、新霉素、庆大霉素	疗效增强
		氨茶碱、金属离子（如钙、镁、铝、铁等）	沉淀、失效
		四环素类、氯霉素类、呋喃类、罗红霉素、利福平	疗效降低
		头孢菌素类	毒性增强
磺胺类	磺胺嘧啶、磺胺二甲嘧啶、磺胺甲恶唑、磺胺对甲氧嘧啶、磺胺间甲氧嘧啶、磺胺噻唑	青霉素类	沉淀、分解、失效
		头孢菌素类	疗效降低
		氯霉素类、罗红霉素	毒性增强
		TMP、新霉素、庆大霉素、卡那霉素	疗效增强
	磺胺嘧啶	阿米卡星、头孢菌素类、氨基糖苷类、利卡多因、林可霉素、普鲁卡因、四环素类、青霉素类、红霉素	配伍后疗效降低或抵消或产生沉淀

088 常用的消毒药物有哪些？

答：1.注射器消毒。第一，酒精消毒。常用75%酒精进行猪体表皮肤消毒。第二，碘酊消毒：常用5%碘酊进行皮肤消毒；碘甘油用于黏膜消毒。

2.环境消毒。第一，生石灰加水后即成熟石灰，均匀撒在猪舍内消毒，可制成10%～20%的石灰乳，涂刷猪舍墙壁。第二，常用含94%的氢氧化钠溶液的粗制品（烧碱）制成2%～3%烧碱溶液，喷洒消毒。可用于病毒性疾病。第三，猪舍常用复合酚消毒。第四，常用0.1%高锰酸钾溶液给猪洗涤伤口，达到杀毒目的。第五，3%的过氧化氢可用于创伤较深或已化脓的伤口消毒。第六，常用0.1%新洁尔灭水溶液浸泡械具、工作服等，也可用于皮肤消毒或黏膜冲洗消毒。

第九部分　防疫篇

089 猪场的防疫体系包括哪些内容？

答：防疫体系主要包括：隔离、消毒、免疫接种、杀虫灭鼠、驱虫、药物预防、疫情监控、疾病监测、疾病治疗、疫情扑灭等基本内容。

090 怎么构建猪场的防疫体系？

答：猪场的防疫体系建设主要进行以下三个方面的工作：第一，落实责任。猪场的防疫工作应该由猪场主要负责人主抓，不同的防疫环节要落实到班组、到人。第二，建立防疫制度。建立科学合理可执行的防疫制度，并坚决贯彻执行。第三，建设必要的防疫设施、设备。

防疫体系的构建主要有以下9个方面。

1.隔离。建立猪场与外界的防疫隔离带，包括围墙、绿化带，选猪间、出猪台、出入口的消毒设施等，同时猪场内按功能进行分区，即分为生产区、生活区、管理区（辅助主产区）。场内三区严格分离，相邻猪舍间也应保持相应距离。制定隔离制度，包括人员（内部、外来）、车辆（内部、外来）的管理和隔离要求，患病猪和新购入种猪的隔离要求，严禁在场内饲养其他动物和禁止携带动物、动物产品进场。

2.清毒。消毒包括带猪消毒和环境消毒及生产用具、用品的消毒。加强舍内外环境的消毒工作，由专人负责，认真落实到每一个生产环节。

（1）带猪消毒一般每周1次，在下午开始，这时气温较高，猪舍内容易干燥，同时在消毒后2～3分钟加强通风，可降低猪舍湿度和驱散消毒液的气味。消毒时采用喷雾的方式，必须全面到位，如栏位、地面、饲槽、净道脏道、墙壁、顶棚等设施要消毒彻底，决不能留有死角。同时消毒液的浓度必须有效，喷洒均匀。

（2）环境消毒一般每周1～2次，选择一个比较晴朗没有风的天气，方法同带猪消毒。

（3）消毒药的选择。有火碱、百毒杀、碘制剂、醛制剂、氯制剂等。产仔舍和保育舍尽量选用对皮肤刺激小的药物。为了避免产生抗药性应轮用药物，1周1次。

（4）工作服消毒。一般采用熏蒸方法，每周2次。

（5）生产用具消毒。针头、注射器及其他器械用完后立即蒸煮消毒，断尾钳、剪牙钳随用随消毒。

（6）猪舍清空后消毒。采用清（清理粪便杂物）—消（3%火碱消毒）—冲（冲洗）—干（干燥）—消（消毒）—熏（熏蒸）—烧（火焰消毒）—空（空置5～7天）的模式。

3.免疫。加强母猪及其他猪群的免疫工作，必须根据自己猪场疫病的流行情况及本地区、省市疫病的流行情况合理地制定免疫程序并严格执行。

在对猪只免疫的过程中必须注意以下11点：第一，选购疫苗时必须了解疫苗生产厂家的资格和实力。第二，清楚疫苗的批号、生产日期、有效时间。第三，清楚疫苗的保存方法（冷藏、冷冻、常温）。第四，使用时注意包装有无破损，是否真空保存，内容物有无变质、变色、沉淀等现象。第五，把握好配套的稀释液的稀释浓度、稀释后存放的（一般在稀释后得1～2小时用完）。第六，清楚免疫方式及剂量。第七，免疫时必须够量、确实，保证100%的免疫，杜绝漏免。第八，肌肉注射疫苗时注射部位必须清楚，避免注射的一面外流，如有外流必须用消毒液处理。第九，猪只在疫苗免疫的前后3～4天禁用抗生素。第十，对有疾病或体质虚弱的猪暂时不免，等好转后再免。第十一，剩余的疫苗必须处理（深埋、焚烧）。

4.杀虫灭鼠。消灭昆虫和老鼠是猪场防疫工作中的重要一环。

5.加强饲养管理也是猪场防疫体系构建中的重要环节。

（1）病猪及时隔离，单独管理与治疗，并将没有治疗价值的猪及时淘汰或无害化处理。

（2）淘汰部分老、弱、病、残及生产性能低的母猪，及时补充后备母猪，保证合理的生产群规模，为切实实行“全进全出”提供条件。

（3）在分娩舍、保育舍、育肥舍严格执行"全进全出"制度。每批猪转出后严格实行清—消—冲—干—消—熏—烧的消毒方式，空置5～7天后转入新猪。

（4）加强通风和保温，改善猪舍空气质量，给猪提供一个良好的生长发育环境。

（5）尽量减少转栏与混群，减少猪群应激。

（6）做好初生仔猪的接产工作，确保初生仔猪吃足初乳，从而获得母源抗体。

（7）选用优质的教槽料，实行早期断奶。

（8）加强各阶段种猪的饲养管理，保证生产猪群和初生仔猪健康无病。

（9）严格把好饲料关，防止用霉变、有毒的饲料饲喂猪只。

（10）仔猪、保育猪、育肥猪料槽不能断料，减少猪只因抢食打架产生的应激反应。

（11）尽量避免断奶、转群前后3天注射一遍，减少猪只因注射疫苗产生的应激。

（12）加强仔猪剪牙、断尾的消毒工作。

6.驱虫。猪场可采用定期驱虫与临时驱虫相结合，体内驱虫与体外驱虫相结合。

7.加强卫生工作。第一，每天至少清扫猪舍2次，保证猪舍清洁、干燥、卫生，不能留有卫生死角。第二，猪舍外环境至少每周清2次，必须保持清洁干净。第三，定时清除外环境的杂草、消除阴沟，消灭蚊蝇滋生地。

8.严格控制人流、物流、车流。第一，猪场实行封闭式管理。第二，猪场谢绝参观，如有特殊情况，人员进入必须洗澡更衣，穿场内专用衣服方可进入生活区、主产区。第三，严禁外来车辆进入场区，必要时经彻底消毒后方可进入。第四，场内工作人员及员工所需的生产及生活用品经消毒后方可使用。

9.药物防治。第一，必须清楚掌握本场疾病流行规律，提前使用药物预防，防患于未然。第二，发现病猪及时隔离治疗，以免延误治疗时机，造成猪只抵抗力下降，增加药物费用的投入。第三，对症治疗。合理科学地使用药物，做好用药记录和分析。

10.疫病和免疫检测。定期和不定期对猪场疫病和猪群抗体进行监测，做到对猪场疾病情况和猪群抗体水平情况心中有数，并根据监测结果制定相应对策。每年对猪场常见病进行药敏试验，掌握敏感药物种类，做到在预防和治疗用药时能准确用药。

091 猪场如何建立合理的免疫程序？

答：1.种猪群的推荐免疫程序如下表。

猪类	疫苗	免疫时间	剂量	备注
后备种猪（4月龄开始）	猪瘟疫苗	进场后15天	2头份	
	口蹄疫疫苗	进场后20天	1头份	
	伪狂犬基因缺失苗	进场后30天	1头份	
	伪狂犬基因缺失苗	进场后60天	1头份	
	乙型脑炎活苗	进场后70天	1头份	
	口蹄疫疫苗	进场后80天	1头份	
	细小病毒灭活苗	进场后90天	2毫升	
	乙型脑炎活苗	进场后100天	1头份	

续表

猪类	疫苗	免疫时间	剂量	备注
经产母猪	口蹄疫疫苗	产后第15天	1头份	需说明的是：乙型脑炎疫苗和细小病毒苗只要做到第2胎即可。在蚊虫常年活动的地区，9月份应还需做1次乙型脑炎疫苗的免疫。
	猪瘟疫苗	断奶当天	2头份	
	伪狂犬基因缺失苗	产前第5周	1头份	
	乙型脑炎活苗	4月龄前	2头份	

2.生长育肥猪群的推荐免疫程序如下表。

免疫项目	哺乳仔猪	小猪	中猪、大猪	疫苗种类
猪瘟	20～25日龄肌内注射4头份	65～70日龄肌内注射4头份		脾淋苗
口蹄疫		70～75日龄肌内注射2毫升	100日龄肌内注射2毫升	进口佐剂浓缩苗
伪狂犬		45日龄肌内注射1头份	105日龄肌内注射1头份	基因缺失苗
喘气苗	7日龄肌内注射2毫升	21日龄肌内注射2毫或		进口灭活苗

第十部分　经营管理篇

092 猪场生产流程是什么？

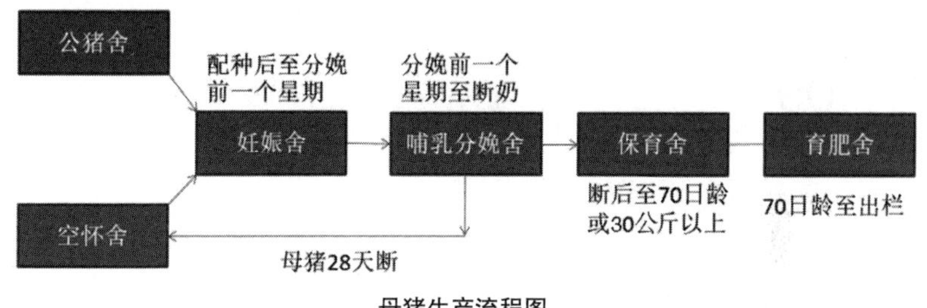

母猪生产流程图

如图所示，猪场的生产流程可以分为2个部分。母猪在空怀舍配种后转至妊娠舍饲养，在分娩前1周至哺乳分娩舍，哺乳分娩舍断奶后又转至空怀舍配种周期性循环。育肥猪从出生至断奶在哺乳分娩舍，断奶后至保育舍当体重达到30公斤时转至育肥舍至出栏。

093 猪场生产指标有哪些？

答：1.种公、母猪配种指标。10月龄的初配体重为130～150公斤；公猪、母猪本交的数量配比为1：（25～30）；种公猪年更新率为30%。

2.猪场生产指标。第一，配怀舍，母猪年分娩2.2～2.5胎，产健壮仔22头/年，初胎受胎率85%～90%，母猪断奶10天后配种率为95%，平均每胎产仔数为11.5头，仔猪初生重为1.25～1.5公斤，初产母猪每胎产仔数为8.5～9头。第二，哺乳分娩舍，仔猪断奶成活率为95%，28日龄断奶体重不低于6.5公斤。第三，保育舍，培育40天成活率为98%以上，体重达25～30公斤。第四，育肥舍，25公斤至出栏平均日增重为0.375～0.4公斤，育成率为98%以上。

094 猪场如何做到均衡生产?

答：批次化生产有不同的批次设计，根据目前多数猪场的规模为500～1000头母猪，多以周批次或3周批次进行设计。这里以500头基础母猪场一条龙生产线为例：目前（未实施批次生产）年产10000头商品猪，以3周批次模式设计如下：

一、畜舍规划与生产目标方案

本方案要点如下：3周批次生产，4周龄断奶。

1.若使用全部10栋产房，每批使用5栋，则每批分娩5×16=80头，配种80÷0.86=93头（86%分娩率），需养经产母猪586头，配怀空间不足，暂不考虑。

2.产房使用8栋，每批使用4栋，则每批分娩4×16=64头，需养经产母猪470头，配怀空间足够。剩余2栋可留作他用。育肥空间不足，每3周一批生产，每5周卖出一批保育仔猪。后备母猪空间不足，可考虑留一栋育肥猪舍使用。

3.配种75头/批，分娩64窝（86%分娩率），断奶仔猪736头/批，上市699头/批，年产上市12092头（增加2092头上市肉猪不需要花费，固定费用20%，一年可节省约120万，加上增加上市肉猪的利润，按每公斤5元计算可得约125万元，合计每年可增加约245万元利润）。

4.PSY=母猪年产胎次×母猪平均窝产活仔数×哺乳仔猪成活率=27.1，MSY=PSY×育肥猪成活率=26.0。其中，PSY是指每头母猪每年所能提供的断奶仔猪头数，是衡量猪场效益和母猪繁殖成绩的重要指标。MSY为每年每头母猪出栏肥猪头数。

二、管理要求

1.后备母猪及早准备，后备母猪配种条件：35周龄，130～150公斤，背膘厚度16～18毫米，发过一次情以上。

2.每3周配种目标为75头。

3.每周六填写白板1次，每次填写完白板，及时统计实际有生产力的母猪数，并进行差异分析，把问题母猪及早处理。

4.依照缺额事先准备充足的后备母猪。

三、实施批次生产模式的关键

1.分娩期要安排紧凑。无法在分娩期内分娩的，可在分娩前24小时注射氯前列烯醇，每头母猪2毫升，确保母猪同期分娩。

2.发情配种要集中。进行批次生产，需确保断奶母猪同期发情及配种。及早发现问题母猪并做出相应的处理，对于某些可能出现断奶后发情推迟的母猪，比如断奶第一窝仔猪的后备母猪、体况较差的母猪等，可以将这些母猪比大群略提前1～2天断奶。

3.提高发情鉴定水平和妊娠诊断水平。要准确把握后备母猪和断奶母猪的发情鉴定时间，以及发情状况，从而保证同步分娩的顺利进行。早期妊娠诊断对于减少非生产天数，提高生产效率非常重要。

4.保持每批猪群数量的稳定。批次生产管理最重要的一点就是要保证每批猪群都满负荷生产，只有这样才能保证全场生产目标的实现。其中有几个关键性的数据要同时把握好，主要包括：①每批基础母猪和后备母猪的数量。②全场后备群体的大小。③每批配种数。④每批分娩数。其中任何一个数据的变化都会导致批次生产模式的非正常运转。

5.提升后备猪群管理水平。全场应有足够的后备母猪，并且要关注好后备母猪的第一次发情日期，便于准确预测第三次、第四次发情时间，并提前安排到与该发情时间吻合的断奶母猪群中，从而使每批断奶发情数都维持稳定。另外，很重要的一点，就是对于发情日期无法与批次生产计划吻合的大龄后备母猪，可以在入群前21天用药物刺激发情。此外，考虑到后备母猪群在入场前有一个隔离、免疫及适应本场环境的过程，所以应提前引入，建议70～80公斤引入为好。

6.要时刻监测配种季节和配种人员变化对配种分娩率的影响，如果配种分娩率一出现下降，就应增加配种头数，从而保证每批配种头数达标。

四、批次生产需注意事项

1.依照在养规模及各畜舍面积决定每一批次的间隔时间，大型猪场其实很多已经在实行批次生产了，只是断奶后保育并未成批隔离饲养，主要将保育部、育肥部分成批隔离饲养即可改善现况。小型猪场可以选择2周、3周或5周一个批次。如果考虑整个猪只发情周期，建议小猪场采用3周一个批次操作较为恰当。

2.分娩床及分娩舍的数量决定每一批次母猪群数量，也关系到整场在养母猪群数量，不同批次分娩舍之间应该有明显隔离饲养措施。

3.各场配种分娩率不同，冬夏季的成绩也会有所差异。因此，应随着该场不同季节的配种分娩率决定该批母猪配种头数，以符合分娩单位的需求（分娩舍满床）。

4.决定批次母猪同期发情的方法，一般较常用同时断奶及药物控制。

5.在养公猪头数会因为批次生产而减少。人工授精技术在批次生产的猪场是必备的技术，如具备深部授精技术可提高公猪的利用率。

6.后备母猪来源及数量应事先计划，考虑外购或自家繁殖。欲进入生产猪群的后备母猪，应至少观察一个发情周期，将基础免疫补齐后，再进入繁殖猪群，详细掌握后备母猪的发情周期，可以降低发情同期化药物的使用。

7.批次生产后，为了充分利用保育舍以后的设备，一切工作应以满足保育以后的栏舍为主。

8.整个猪群应做生产记录，收集各月份的配种分娩率，考虑母猪年更新率，由该时期的配种分娩率决定每批的配种母猪及更新后备母猪头数。

9.批次作业集中，应事先调整或训练技术人力，将技术人力投入最重要的配种、分娩及保育工作。

10.利用更新后备母猪计划，选拔出整齐度一致的种猪，再给予稳定整齐的种公猪精液，则可生产出整齐度一致的肉猪，肉猪整齐度生产计划在批次生产中绝对是必要的，可以使猪舍达到最优利用率。

五、批次生产的管理措施

1.改变饲养管理模式，采用全进全出的批次生产。

2.母猪进分娩舍前清洗体表及驱虫。产前4～7天怀孕母猪进入分娩舍，进舍前2周应先驱除内外寄生虫，进舍当天母猪体表彻底清洗并消毒后，方可进入分娩舍待产，保持分娩舍干净状态。

3.母猪分娩后，为了调整哺乳头数的需要而交叉寄养时，应在分娩24小时内摄食足够初乳后进行，以使得所有猪只有相同的抗体水平。

4.降低饲养密度。猪栏间采用实心隔墙可以减少疾病散播，保育猪体重在35公斤以下的饲养密度应控制在0.33平方米/头以上，肥育猪全漏缝地板0.75平方米/头以上。利用适合的关养管理方式，适度减少猪只的饲养密度，可以控制或降低疾病造成的损失。

5.增加断奶仔猪的给饲空间，并且适当增加饲喂次数（4～6次），早期教槽（7日龄）让断奶仔猪提早适应断奶固体食物的生活。

6.改善空气质量。适当控制帆布或风扇的开启和关闭，让猪只拥有良好的空气品质环境，才能发挥遗传潜能。

7.控制温度。仔猪出生当天保温区维持33～35℃，断乳至保育舍当天，最好保持30～33℃，可以减少断奶应激。

8.适当的疫苗计划。许多病原感染后会造成免疫系统改变，不适当的免疫操作，可能会加剧潜在疾病的发作，因此，减少不必要的疫苗免疫或延后操作时间，可以让猪只在较少应激状况下顺利发育。

9.严格执行消毒工作。消毒工作应视天气情况执行，下雨天或湿气较重时停止消毒，消毒工作于气温较高时实施。剪牙、打针及去势等工作，应确实消毒器械及手术部位。为减少消毒造成的舍内潮湿可以用干粉消毒。

10.从干净场引种。应由防疫严格的种猪场引种，避免带回新病原，健康猪源的把关通过检测选择引种源，必要时封闭猪场，采取场内驯化和净化，使用公猪精液供应中心的优良种公猪精液，或自行繁育更新种猪。

11.新生仔猪应确保吸取足够的初乳，以维持高量移行抗体，抵御外来病原感染。生长期必要时使用饲料添加剂或添加营养物品，预防二次性细菌感染。

12.集中断奶。断奶后仔猪转群一次性全部彻底，对于还有护理价值的弱仔也一并转群，单独集中在一个圈舍。采用干湿二槽法，可大大提高育成率。为减少转群应激及打苗等各种应激。

综上，根据猪场实际情况，依据最大程度利用产房、配怀及保育空间设备的原则，设计合理的批次生产模式，并执行科学合理的规划，严格执行操作流程，实现均衡批次生产，不仅可以减少疾病传播，促进疾病净化，提高管理效率，增加员工定期休假的福利，而且可以改善饲料效率、用药成本等，降低生产成本，利用相同的资源实现利益的最大化，为广大养殖户提供福音。

095 怎么做好猪场的生产记录？

答：猪场每天应及时、真实、准确地做好生产记录，每周上报统计报表，每个月进行一次生产统计分析。配种妊娠舍日记录表应该记录本舍母猪品种、耳牌号、与配公猪耳牌号、配种方式、配种员、返情、流产、妊检、治疗、死亡、淘汰等情况。分娩舍日记录表应记录本舍母猪转入时间、产程、是否助产、产仔、寄养、治疗、死亡、淘汰。断奶等情况。保育、生长育肥舍猪群生产记录日记录表应该记录本舍猪群死亡、淘汰、发病、治疗等情况。公猪舍生产记录日记录表应该记录本舍公猪采精及监测、治疗、淘汰等情况。

096 如何进行猪场的管理？

答：1.凡进入猪场的人员无论是进入生产区或生活区中，一律先经过猪场大门口进行脚踏消毒池垫、消毒液洗手、紫外线照射5分钟后方可入内。

2.所有进入生产区的人员必须坚持“三踩一更”的消毒制度。即场区门前踏消毒池、更衣室更衣、消毒液洗手、生产区门前消毒池及各猪舍门前消毒盆消毒后方可入内，条件具备时要先沐浴再更消毒才能入内。

3.外来人员禁止入内并谢绝参观。若生产或业务必须经消毒后在接待室等候，可以借助录像了解情况，若生产需要如专家指导也必须参照生产人员入场时的消毒程序消毒后入场。

4.饲养人员除工作需要外一律不准窜舍，工具不得互相借用。

5.任何人不准带饭入场，更不能将生肉及含肉制品的食物带入场内，场内职工和食堂均不得从市场购肉，吃肉问题由场内宰杀健康猪只供给。

6.本场送猪的人员和车辆，必须经过全面消毒后方可回场。

7.严禁场内养猫养狗，职工不得将宠物带入场内。

8.饲养员应定期进行健康检查，传染病患者不得从事养猪工作。

9.场内兽医人员不准对外诊疗猪及其他动物的疾病，猪场配种人员不准对外开展猪的配种工作。

10.每天打扫猪舍卫生，保持料槽、水槽用具干净，地面清洁经常检查饮水设备，观察猪群健康状态。

11.猪场工作人员应按时完成每日的资料记录。

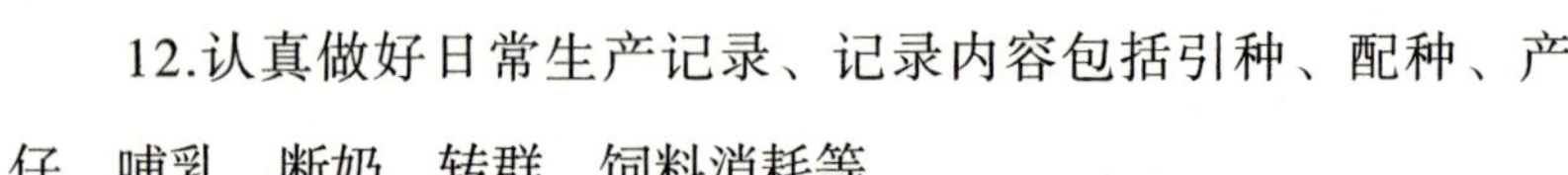

12.认真做好日常生产记录、记录内容包括引种、配种、产仔、哺乳、断奶、转群、饲料消耗等。

13.种猪要有来源、特征、主要生产性能记录。

14.做好饲料来源、药品及各种添加剂使用情况的记录。

15.兽医人员应做好免疫、用药、发病和治疗情况记录。

16.每批出场的猪应有出场猪号、销售记录、以备查询。

17.资料应尽可能长期保存，最少保留2年。

097 家庭猪场管理职责有哪些?

答：家庭猪场管理职责主要有以下几方面：第一，拟定本家庭猪场总体发展目标和计划，负责家庭猪场的全面工作。第二，负责组织召开家庭猪场会议。第三，组织家庭猪场开展各种工作，提高猪场效益。第四，组织实施家庭猪场的各项规划及时解决猪场的有关事宜。第五，负责家庭猪场的财务管理工作。

猪场技术厂长职责包括以下几方面：第一，落实家庭猪场年度生产计划。第二，根据生产需要，组织提供所需的生产资料和生活资料。第三，提供技术指导和服务，引进新技术、新品种。新技术培训、技术交流、经济技术协作等相关工作。第四，拟定年度生产、销售计划及落实工作。

098 规模猪场场长职责是什么?

答：规模猪场厂长职责包括以下9方面的内容。

1.负责猪场的全面管理与技术工作。及时向上级主管部门和主管领导提交前阶段工作情况和下阶段经营管理计划。

2.严格按照生产程序和各项技术要求，对生产进行科学系统的管理。

3.加强对职工的思想政治工作和法制教育。

4.经常深入生产第一线，及时解决问题，总结经验，完善管理措施。

5.掌握和了解市场信息，组织开拓销售市场，选择饲料。

6.负责落实场规场纪，协调各部门之间的关系，团结全场上下一心，圆满完成生产计划和利润指标。

7.保护好水电供应设施，及时发现和处理各种故障，做好门窗和各种设备用具的维修，保证水电供应。

8.加强职工食堂的管理，提供职工生活，负责管理区的卫生及环境卫生。

9.做好保卫工作，保证场内一切财产的安全，严格门卫制度，所有商品和场内物品出场必须有出门证、出库单等。

099 猪场污水如何处理？

答：污水处理工艺常见有生物、化学、物理、机电工程综合治理技术等，使养场粪污排放无害化、减量化、资源化。该处理工艺分六步实施。第一，粪尿分离。第二，固液分离。将集中于初级沉降池中的粪污经固液分离机处理，固体、液体分离。第三，生物过滤。沉降池中上清液通过引流引入高效生物滤池，该池以粗砂为主要原料，外加其他辅料，按一定渗透速率配制，投入适量微生物制剂，祛除污水中95%以上的BOD，经过微生物滤池过滤，排放到蓄水池。第四，蓄水净化。将生物过滤的净化水集中存储，（也可在池中种植水生漂浮植物），进一步净化，使之达到排放标准，灌溉农田或循环使用（冲洗畜舍）。第五，生物发酵产生沼气。将拣出和分离的干物质（粪便）集中到发酵池内，进行厌氧发酵，厌氧发酵过程中污水中的有机物分解产生沼气及含氮、磷等物质。产生沼气经净化后收集用于采暖、加热饲料，为防腐蚀，输气管一般用塑料管比较好。第六，有机肥生产。沼渣经过机械翻抛，再经过晾晒、干燥、粉碎、检测、添加养分元素，分装入库。进入农田或者作为蔬菜和果树基地有机肥。

100 如何核算猪场效益?

答：总利润=总销售收入–总成本。

总销售收入=销售量（头数）×单价（元/头）。

细分总成本包括自繁自养场总成本和外购猪苗场总成本。

自繁自养场总成本=公母猪淘汰+饲料成本+药物成本+其他成本（水、电、人工、栏舍折旧等）。

外购猪苗场总成本=猪苗成本+饲料成本+药物成本+其他成本（水、电、人工、栏舍折旧等）。